南繁有害生物·防治篇

◎ 卢 辉 吕宝乾 唐继洪 主编

U0320886

中国农业科学技术出版社

图书在版编目（CIP）数据

南繁有害生物. 防治篇 / 卢辉，吕宝乾，唐继洪主编. --北京：
中国农业科学技术出版社，2022. 5
ISBN 978-7-5116-5647-6

Ⅰ. ①南… Ⅱ. ①卢… ②吕… ③唐… Ⅲ. ①作物－病虫害
防治－海南 Ⅳ. ①S435

中国版本图书馆CIP数据核字（2021）第 273559 号

责任编辑 李 华
责任校对 李向荣
责任印制 姜义伟 王思文

出 版 者 中国农业科学技术出版社
　　　　　北京市中关村南大街 12 号　　邮编：100081
电 话 （010）82109708（编辑室）　　（010）82109702（发行部）
　　　　　（010）82109709（读者服务部）
网 址 http: // www.castp.cn
经 销 者 各地新华书店
印 刷 者 北京建宏印刷有限公司
开 本 185 mm × 260 mm　1/16
印 张 12.5
字 数 245 千字
版 次 2022 年 5 月第 1 版　2022 年 5 月第 1 次印刷
定 价 85.00 元

《南繁有害生物·防治篇》

编委会

前　言

　　南繁有害生物防治是一项长期性的工作，是确保南繁作物健康生长和国家粮食安全的技术保障。南繁在加速品种改良、原种扩繁和制种方面为国家农业发展做出了巨大贡献，在我国育成的杂交水稻新组合中，80%以上经过了南繁加代选育，已经成为新品种选育的孵化器和加速器，而南繁基地则被誉为中国种业的硅谷。南繁因其特殊的生态环境成为全国和世界危险性有害生物的汇集地及中转站的风险也逐渐加大，尤其是假高粱、草地贪夜蛾、红火蚁等有害生物对南繁育种基地生产造成潜在和现实的巨大损失。南繁有害生物防治在理念更新和防治策略提升的同时，积极引进和消化吸收国外先进技术，加速防治技术标准化进程，不断加大科技对南繁有害生物防治的支持力度，积极借鉴和吸纳相关领域的新技术、新方法，使防治手段更趋多样，防治结果更为高效，对生态系统和环境更加安全。

　　海南是我国唯一的热带岛屿省份，是我国适宜冬季南繁的区域，南繁的作物种类主要包括水稻、棉花、玉米、大豆、瓜菜等，研究领域主要有选育加代、资源保存、农作物基础性研究、繁殖制种、生产经营等多个方面。全国29个省市400多家南繁单位设立科研育种基地，每年有800多家科研生产、高等院校活跃在南繁，有大量的科研人员在南繁基地开展工作。国家南繁基地已成为中国农业多重发展的重要区域，存在病虫草害的伴随传入、传出和蔓延，带来病虫草害暴发、环境污染和食品安全等诸多问题。近年来，我国南繁区有害生物呈现多发、常发态势，加之一些突发性的外来入侵生物，造成有害生物发生此起彼伏。以病虫草害为主的南繁有害生物防控难度逐渐增加，若不采取有效措施，危害将持续加重。

　　本书介绍了南繁南繁区有害生物防治的基本情况，分析了有害生物防治工作发展趋势，同时分析和讨论了南繁区有害生物风险评估和监测预警体系和南繁区农药安全使用要求，详细阐述了南繁区虫害、南繁区病害、南繁区草害、检疫性有害植物的基本知识、预测预报、防治技术等内容，并介绍了南繁区草地贪夜蛾、假高粱、水稻病虫害、红火蚁的防控方法和实例。这些成果为发展南繁生物的防控技术提供了强有力的科学依据与技术支撑。

本书主要面向农业技术推广人员、南繁区农技人员、农技人员及农资公司销售人员，亦可供大专院校、科研单位等部门相关人员和研究生参考。

本书编写过程中得到了海南省国际科技合作研发项目（GHYF2022002）、国家重点研发计划（2021YFD1400702、2021YFD1400705、2021YFD1400701）、海南省重大科技计划项目（No. 2DKJ202002）、海南省重大科技计划项目（No. 2DKJ201901）的支持。在本书编写过程中，参考并引用了一些学者的意见和观点，限于篇幅，不能一一列出，谨表致谢！

主　编

2022年1月

目　录

第一章　南繁区有害生物防治概况 …………………………………… 1

　一、南繁基地生物安全现状 ………………………………………… 2

　二、存在的问题 ……………………………………………………… 4

　三、南繁生物安全防控策略 ………………………………………… 6

　四、小结 ……………………………………………………………… 9

　参考文献 ……………………………………………………………… 9

第二章　南繁区有害生物风险评估和监测预警体系 ……………… 11

　一、有害生物风险评估 ……………………………………………… 12

　二、监测预警体系 …………………………………………………… 15

　三、建议 ……………………………………………………………… 20

　参考文献 ……………………………………………………………… 23

第三章　南繁区农药安全使用要求 ………………………………… 25

　一、南繁区农药使用存在的问题 …………………………………… 25

　二、科学安全使用农药 ……………………………………………… 26

　三、混用药剂 ………………………………………………………… 33

　四、施药方式 ………………………………………………………… 41

　参考文献 ……………………………………………………………… 49

第四章　南繁区虫害防治 …………………………………………… 51

　一、玉米害虫 ………………………………………………………… 52

　二、水稻害虫 ………………………………………………………… 62

　三、棉花害虫 ………………………………………………………… 84

四、小结 ··· 96

参考文献 ··· 97

第五章 南繁区病害防治 ·································· 99

一、玉米病害 ··· 99

二、水稻病害 ··· 109

三、棉花病害 ··· 114

参考文献 ··· 119

第六章 南繁区常见危险性草害防治 ················ 121

一、南繁区常见危险性草害及防治措施 ············ 122

二、南繁区不同作物田内杂草发生情况及防治措施 ··· 126

三、小结 ··· 128

参考文献 ··· 129

第七章 南繁区检疫性有害生物防治 ················ 131

一、南繁区检疫性有害生物概述 ······················ 131

二、防治技术与方法 ··································· 131

三、小结 ··· 135

参考文献 ··· 135

第八章 南繁区草地贪夜蛾防治 ···················· 137

一、理化诱控 ··· 138

二、化学防治 ··· 142

三、生物防治 ··· 147

四、光诱技术 ··· 154

参考文献 ··· 159

第九章 南繁区假高粱防治 ·························· 162

一、识别特征及为害 ··································· 163

二、防治技术概况 ······································ 163

三、防控实例 ··· 165

四、小结 ··· 170

参考文献 ··· 170

第十章　南繁区水稻病虫害防治 ………………………………………………… 171

　　一、水稻虫害防治 ……………………………………………………………… 171

　　二、水稻病害防治 ……………………………………………………………… 173

　　三、田间试验数据 ……………………………………………………………… 175

　　参考文献 ………………………………………………………………………… 179

第十一章　南繁区红火蚁防治 ………………………………………………… 180

　　一、防治技术概况 ……………………………………………………………… 180

　　二、田间防治数据 ……………………………………………………………… 185

　　参考文献 ………………………………………………………………………… 188

第一章　南繁区有害生物防治概况

　　"南繁"是指每年秋冬季节利用海南省独特的热带气候条件，从事农作物品种选育、种子生产加代以及种质鉴定等活动，一年可繁育2~3代，在加速育种进程的同时，还能缩短作物育种年限，并且还可鉴定育种材料的抗病性及其对光照、湿度等条件的反应。种子南繁作为育种研究的重要程序之一，其生物安全性受到社会的广泛关注。海南省三亚、陵水、乐东3市（县）沿海岸线的部分区域常年平均气温24~25℃，≥10℃积温达到9 000℃以上，即使是在气温最低的1月，月平均气温也在20℃以上。每年9月至翌年5月，这里都会迎来一批来自全国各地的农业科研工作者，他们利用这里冬春季节气候温暖的优越条件和丰富的热带种质资源，开展作物种子繁育、制种、加代、鉴定等科研生产活动。11月至翌年5月为旱季，热带气旋、台风等自然灾害较少，特别适宜开展南繁科研育种工作。

　　南繁始于20世纪50年代，至今已走过70多年的风雨历程。如果没有南繁，也许至今我们仍在饱受饥饿之苦。南繁为解决中国人的"吃饭难"问题做出了巨大贡献，伴随南繁事业的发展，南繁承载的功能也不断增加。由起初的种子扩繁增量、鉴定提纯、选育加代、组合配制等环节逐步发展到室内外试验的结合。不少科研单位把实验室的部分功能逐步迁到海南省，由单纯的表型鉴定拓展到基因型鉴定，由群体和个体水平的杂交育种发展到分子水平的精准育种。我国杂交水稻、紧凑型玉米、转基因抗虫棉、西甜瓜新品种在生产上得以快速推广应用，南繁基地功不可没，已成为国家农业科研的战略基地。目前，南繁作物主要有水稻、玉米、大豆、高粱等粮食作物，油菜、棉花、麻、瓜菜、烟草、向日葵、木薯、牧草、林木、花卉、中草药等经济作物30多种。南繁育制种面积保持在20万亩（1亩≈667m²，1hm²=15亩，全书同）以上，其中科研育种面积近4万亩。

　　随着近几年来南繁育种工作的迅速发展，各地与海南省之间农作物种子的调运日益频繁，种子来源于全国，又走向全国，为有害生物的传播提供了快速通道。因此确保南繁生物安全对打造"南繁硅谷"、保障我国种业健康发展有着重大意义。从南繁生物安全现状、当前南繁生物安全管理存在的问题等方面进行剖析，并针对南繁有害生物防控提出对策建议，为南繁基地生物安全管理提供参考。

一、南繁基地生物安全现状

南繁基地面积约为1.79万hm²，是全国最大的农作物育种材料及产品集散地。在南繁过程中，有大批种子、种苗调进调出，人员流动频繁，极易造成病、虫、草、鼠等有害生物的传播扩散。随着海南自由贸易试验区的建设，全球动植物种质资源引进中转基地和南繁科技城等项目将逐步形成，以转基因作物、有害生物为主的生物安全问题将逐步凸显。

根据笔者近年来调查监测，南繁作物上的主要病虫害有为害水稻的稻纵卷叶螟（*Cnaphalocrocis medinalis*）和稻飞虱［白背飞虱（*Sogatella furcifera*）、褐飞虱（*Nilaparvata lugens*）和灰飞虱（*Laodelphax striatellus*）］，为害玉米的玉米螟（*Ostrinia nubilalis*），为害瓜菜的烟粉虱（*Bemisia tabaci*）、豇豆蓟马（*Megalurothrips usitatus*）、螺旋粉虱（*Aleurodicus disperses*）和三叶草斑潜蝇（*Xanthomonas campestris*）等；病害有水稻稻瘟病（*Pyricularia oryzae*）、纹枯病（*Rhizoctonia solani*）、玉米小斑病（*Bipolaris maydis*）、玉米大斑病（*Exserohilum turcicum*）、玉米纹枯病（*Rhizoctonia solani*）、玉米圆斑病（*Bipolaris zeicola*）、玉米锈病（*Puccinia sorghi*）、棉花立枯病（*Thanatepephorus cucumeris*）、棉花疫病（*Phytophthora boehmeriae*）、棉花褐斑病（*Phyllosticta gossypina*）、瓜类果斑病菌（*Acidovorax citrulli*）和细菌性黑斑病（*Xanthomonas campestris* pv. *mangiferae indicae*）等；杂草有假高粱（*Sorghum halepense*）、稗草（*Brachiaria eruciformis*）、铺地黍（*Panicum repens*）、薇甘菊（*Mikania micrantha*）、飞机草（*Eupatorium odoratum*）、假臭草（*Praxelis clematidea*）、香附子（*Cyperus rotundus*）和日照飘拂草（*Fimbristylis miliacea*）等。

在热带生境下，害虫产卵量大，且世代重叠，给防治带来很大的困难，几乎年年猖獗。为了控制南繁区病虫草为害，常增加喷药次数和加大用药量，耗费大量人力、财力和物力。大量使用农药，导致病虫草抗药性增强，并使防治效果降低，造成有害生物频发和再猖獗；同时造成环境严重污染，大量天敌被杀死，物种多样性减少，使生态系统变得更加脆弱。南繁区的参与单位多、作物种类多、播种时间各异，导致区域内多种作物、多种生育期共同存在，从而导致病虫草害的种类多，发生周期长。而整个南繁区域管理相对混乱，基本上是各家单位各自负责自己的田块，没有统一的监测预警体系，对整个区域的虫情基本没有相关数据，也没有虫情共享互通的机制，更没有建立相关信息的数据库，便于南繁单位和个人查询和应用。

（一）病害

近几年南繁基地联合巡查过程中，先后发现黄瓜绿斑驳病毒、水稻细菌性条斑病、瓜类果斑病等全国植物检疫病害大面积发生。南繁是大豆育种的重要环节之一，可以显著缩短育种过程，加快新品种的更新换代。南繁期间为害大豆的主要病害有大豆疫霉根腐病、霜霉病和紫斑病。此外，近年来由于南繁杂交水稻制种田面积不断扩大，密植程度逐渐增加，稻曲病在南繁基地不断扩散蔓延，为害有所加重，已成为南繁水稻制种田重要病害之一。玉米作为中国重要的粮食作物之一，其病害问题一直都是玉米高产、稳产的限制因素。据调查，南繁区玉米共有17种主要病害，包括真菌、细菌和病毒病，其中玉米茎腐病（含真菌性茎腐病和细菌性茎腐病）、大斑病、小斑病、锈病、圆斑病、穗腐病、弯孢霉叶斑病、褐斑病、纹枯病、链格孢菌叶斑病等病害普遍发生。

（二）虫害

自1993年在三亚发现美洲斑潜蝇（*Liriomyza sativae*）入侵海南省并蔓延以来，先后有椰心叶甲（*Brontispa longissimia*）、橘小实蝇（*Bactrocera dorsalis*）、刺桐姬小蜂（*Quadrastichus erythrinae*）、水椰八角铁甲（*Octodonta nipae*）、红火蚁（*Solenopsis invicta*）等重要入侵害虫在海南省被发现并造成严重危害。其中，椰心叶甲、红火蚁以及水椰八角铁甲的发生与蔓延对海南省椰子、槟榔及整个棕榈产业造成了严重损失；刺桐姬小蜂对海南省园林绿化的重要树种刺桐属植物造成严重危害，为害刺桐属植物共达11 500株，严重影响海南省城市绿化和生态景观。此外，2019年4月30日，在海南省海口市首次发现世界性重要农业害虫草地贪夜蛾入侵，目前该虫主要分布在海南省18个市（县）。由于南繁区具有独特的气候环境和作物种植特点，草地贪夜蛾在海南省将呈周年繁殖为害的趋势。

（三）入侵植物

海南省自然条件优越，生态多样性丰富，为入侵植物的侵入和扩散提供了便利条件，致使海南省成为外来植物入侵的重灾区之一。彭宗波等通过野外调查发现，海南省野生归化的外来植物共约160种，隶属于38科。其中，外来植物最多的是菊科（Asteraceae），其次是禾本科（Gramineae），蝶形花科（Papilionaceae）、苋科（Amaranthaceae）和大戟科（Euphorbiaceae）也占有较大比重。目前，薇甘菊（*Mikania micrantha*）、凤眼蓝（*Eichhornia crassipes*）、空心莲子草（*Alternanthera philoxeroides*）、飞机草（*Eupatorium odoratum*）等外来入侵植物在海南省均有分布，且对海南省农业生产和生态安全造成了一定的影响。此外，植物检疫性有害生物假高粱（*Sorghum halepense*）近年来在南繁地区迅速蔓延扩散，具有很强的繁殖力和竞争力，能够迅速侵占耕地，使作物产量降低，甚至通过抑制或排挤本地物种，形成大面积单优群落，使当地生态环境中的其他物种没有适宜的栖息环境，严重影响本地生物多样性。

（四）转基因作物

随着转基因作物品种培育技术的快速发展，油菜、玉米、棉花、大豆等转基因作物在提高粮食产量、减少农药用量、减轻环境污染等方面为农业产业发展发挥了重要作用。因南繁在当前育种工作中的重要作用，进入南繁区的转基因作物种质类型和数量日益增加，南繁基地转基因作物安全也备受关注。2010—2012年，共有60家单位在海南省开展转基因生物安全评价试验，其中科研院所占85%，其余为种业公司和生物技术企业。申请项目共有387项，实际批复361项。涉及作物种类主要有玉米、水稻、棉花、甘蔗、木薯、大豆、高粱、花草等，其中转基因水稻项目231项，占全部批复安全评价项目的64%，转基因玉米项目82项，占比23%，其余作物总和为13%。所选取的转基因作物南繁试验地点主要分布在三亚市周边各镇及陵水、乐东等地区。

二、存在的问题

南繁育种基地为国家农业优良种质培育和国家粮食安全做出了积极贡献，但随着形势的变化，在南繁过程中暴露并存在着诸多生物安全管理的问题。在粮食安全成为全球诸多地区重大问题的现实情况下，如何加强南繁区生物安全管理，保证加代育种质量，加速农作物育种进程，满足国家农业发展是目前亟待解决的现实问题。

（一）基础设施较差

目前，南繁区已建设了转基因植物检测室、种子检验检测中心、外来入侵生物检测与风险分析实验室、重大病虫草鼠害监测防控实验室、植物检疫实验室，但与建设"南繁硅谷"的发展需求相比还存在较大差距。此外，多数南繁机构和单位分散在当地的农场、农村，科研基础设施较差，农田水利基础设施标准较低，试验农田与基础设施无法满足南繁需求，加之海南省台风等自然灾害频发，薄弱的基础设施抵御能力较差，对南繁育种事业的发展造成一定的影响，严重时还会破坏部分科研成果。因此，有关基础建设方面的投入还有待加强。

（二）科技投入不足

当前海南省南繁科研人员在外来生物入侵防控、转基因生物检测技术等领域虽然取得了长足进步，但在生物安全核心装备、生物安全防护产品、专业技术人员及建设资金的投入等方面与国际先进水平仍然存在一定的差距。随着分子育种及鉴定技术的快速发展，南繁育种对现代技术和试验手段的要求不断提高，而南繁基地功能完备的高等级生物安全实验室和生物安全设施装备投入不足，导致南繁基地生物安全监管和检测技术与现实发展需要不匹配。此外，高端技术人才稀缺一直是制约南繁种业发展的短板之一，需要不断深化改革人才发展体制机制，可以通过"外引内育"，激发人才创新创造活力，助推一大批优秀人才脱颖而出。此外，预防优于治理是防止生物入侵的关键，也是构建生物入侵预警系统的首要原则。

外来入侵物种一旦入侵，其破坏性及后果无法想象。中国现有的检疫法主要是针对已知有害生物，这就导致入侵生物管理存在缺陷，部分没列入检疫名单的外来入侵生物因被视为"无害"而进入海南省。因此，迫切需要建立生物入侵预警防控系统，可通过现代互联网技术对外来入侵数据库、外来入侵物种风险评估和预测、入侵物种跟踪监测等方面加以完善。

（三）管理体系不完善

健全的生物安全管理体系，是保障南繁育种事业工作稳定有序开展、保障国家农业安全的必然选择。较为完善的生物安全管理体系能够有效避免突发性、大范围的生物安全事件发生。如果生物安全事件能够准确报送，及时介入处理并建立起完备的应急预案、演练、物资等体系，即使发生了生物安全事件，也能够在很大程度上控制其发生范围，使损失降至最低。然而，目前南繁生物安全管理体系完善度较低，动植物检疫、海关、农业、交通等部门之间独立运行，缺乏协同性和关联性。遇突发生物安全事件时相互间配合度与密切度较低，管理体系没有很好地落实于各部门。

管理体系的不完善导致生物安全检疫力度较低。近年来，南繁地区执行过的动植物检疫违法案件立案较少。究其原因，首先是人手不够，检疫人员不仅需要承担南繁检疫工作，还要承担蔬菜、瓜果等病虫害的防治技术指导、农药安全使用培训等工作，每个检疫员都担任着大大小小不同的工作，无法专职专用，加之南繁从业人员水平参差不齐，检疫业务水平有待提高。另外，部分南繁单位对检疫工作重视程度不够，检疫执法力度若是不持续加大，南繁基地将可能成为中国检疫性病害的集中地。

（四）公众防范意识薄弱

虽然我国公民的环保意识在近几年日益增强，但由于生物入侵相对来说还是新兴话题，公众对外来入侵生物了解甚少，对其造成的损失和引起的后果没有一个清晰的认识。伴随着海南自由贸易港的建设，外来生物容易随旅游、贸易、运输等过程进入南繁地区。另外，缺乏严格科学论证的盲目引进也可导致外来生物入侵海南省。

三、南繁生物安全防控策略

面对南繁地区生物安全现状、现实问题和新形势，应加快推进《国家南繁科研育种基地（海南）建设规划（2015—2025年）》落实。加快建设由国家管控的稳定的育种科研核心保护区，需采取有效的对策措施，建成基地稳定、运行顺畅、监管有力、服务高效的国家现代化南繁基地。

南繁的主要目的是对材料进行加代和亲本扩繁。目前，后代材料观察、种子纯度鉴定及性状分析等也逐渐占主导地位，这就对检测设备提出了更加严格的要求。同时，随着分子育种技术的兴起，南繁对现代试验手段和技术的依赖也增强，需要建立功能完备的综合实验室。而现代化实验室建设需要巨大的投入，规模小而分散的南繁站点可通过共享机制，建设科研试验公共服务平台。另外，在海南省建立育种基地的科研单位，除建立办公及住宿场所外，还需具备最基本的基础设施，如试验田需配备完善的灌溉水源、水渠以及种子后处理晒场或干燥设备，引进田间道路硬化和大型农用机械，有条件可适当投入滴灌类等先进设施。

（一）加大检测技术研究投入

系统普查与重点排查南繁区主要作物的病虫草等有害生物，获得南繁区本土常见性有害生物及外来入侵生物名录等基础信息，建立南繁区有害生物基础信息与监测数据库。加强潜在入侵生物的资料收集与监测预警，为外来入侵生物检疫及防治提供理论和技术储备。针对已发现的主要外来入侵生物开展相关的生物学、生态学及分子生物学（可塑性基因）等方面的基础研究，揭示外来入侵生物的入侵特性和机理。研究与集成可应用于南繁区主要外来入侵有害生物诊断与鉴定的技术，提高快速检测南繁区外来入侵有害生物的能力。探寻南繁区外来有害生物的种群动态消长因子，为南繁区有害生物的监测与预警提供基础数据与理论依据。针对外来入侵生物研发应急防控及可持续控制关键技术，创建外来入侵生物的防控技术综合体系。

随着转基因作物新品种培育工作的快速发展，进入南繁区的转基因材料日益增多，而相应的检测方法研究却远远不能满足应用需求。研发快速、简单、准确、经济的转基因检测技术和建立精准的转基因检测技术体系，可为常规监管南繁作物和促进中国南繁育种事业可持续发展提供科技支撑。大力开发用于Bt基因的快速田间检测方法；应用Biosafety-X技术对农田环境和批量种子进行准确检测；研发基于高通量测序的Metabarcoding技术，用于南繁区主要作物和农田微生物的鉴定。同时，转基因农作物安全监管不可松懈，转基因作物在上市前必须严格做好科学研究，提供相关材料，进行必要的安全性评价和风险评估。

（二）大数据平台的建设

很多国家和国际组织都创建了有害生物数据库，如国际应用生物科学中心（CABI）的作物保护大全检索系统，包含了作物保护、森林保护等5个相关子数据库，收录了世界各地农作物病、虫、草、鼠等有害生物方面的重要数据和信息，为植物保护领域开展科学研究提供了丰富的信息资源，也为同行之间的学术交流与沟通创造了广阔的空间。在搜索栏输入有害生物名称、植物产品名称、输入和输出国家等关键词后，有害生物信息、数据表、相关报道或文献会显示于搜索结果页面，已广泛应用于有害生物监测预警工作中。美国农业部动植物卫生检验局下属的植物健康科学与技术中心研发了5个数据库，其中包括美国植物病虫害预测系统（NAPPFAST），NAPPFAST包含丰富的数据和大量测绘精确的地图，提供了有害生物学名、所属目、科、属名，还包括物种生长期间的临界温度等生物学信息，地图信息中包含为害美国作物最严重的50种有害生物的风险地图、已报道的分布区域图及观测到的分布区域图。此系统为美国收集和发布外来有害生物的信息，并提供早期预警服务，同时支持技术决策。此外，澳大利亚植物病虫害数据库（APPD）与欧洲及地中海植物保护组织数据库（EPPO）提供了大量的有害生物基本信息，具有监测和鉴定功能，同时依托专门负责植物检疫的工作小组，提供病虫害指导服务。在国内，出入境检验检疫领域，中国检验检疫科学研究院建立了中国检疫性有害生物条形码数据库和动植物检验检疫信息资源共享服务平台，以动植物检验检疫信息资源共享服务平台为例，截至2016年12月31日，口岸截获有害生物信息记录已超过624万条。

以上平台可以看出，作为南繁有害生物监测数据库分析系统，也是一个大数据平台，其操作流程可概括为信息收集、筛选、信息分析、交流，为制定南繁病虫害防控决策提供依据，同时进行反馈与总结。南繁重大病虫害预测预报行业也面临着由传统模式向新型模式的转变，未来测报调查工作也要发生由传统植保人员向种植大户、南繁基地技术人员的转变，以及由田间固定病虫调查监测向大数据平台转变的趋势。

南繁有害生物数据库包含定点监测数据模块、风险评估模块、诊断及防控预案模块，这些模块为南繁区发布病虫害动态信息提供技术支撑。例如在南繁区通过高空灯诱集迁飞害虫，在三亚安装昆虫垂直雷达，定量化地获取不同时间和天气条件下昆虫的迁飞数据；根据害虫卵巢进行分级预测其产卵期；三亚、陵水和乐东固定监测点，通过理化诱控技术监测田间草地贪夜蛾、稻纵卷叶螟和稻飞虱等害虫的发生动态。综合以上数据提供南繁区迁飞害虫防控预案。在病害方面，陵水县安马洋安装了远程孢子捕捉仪，通过物联网技术从云端实时获取病虫害数据，为南繁作物重要病害预报防控预案。通过将南繁区现代化植保技术和信息技术的融合，初步构建了南繁有害生物数据库，各子数据库之间相互联系，进行信息交换，主要专注发布南繁区有害生物的发生分布、趋势动态等信息。

（三）推进法律法规体系建设

现代化农业生物安全是国家生物安全的重要组成部分之一。生物安全管理体系和管理能力现代化能够从根本上保障中国农业生产安全、人民群众健康安全以及生态环境安全。首先要进一步完善生物安全法律法规体系、制度保障体系，加强对无意引进和有意引进外来物种的安全管理，高度重视生物入侵问题，进一步加强边境海关的检疫执法和阻截作用，阻止新的入侵物种尤其是农业有害生物入境。其次是要强化南繁育种基地植物材料的安全性，特别是转基因植物的管理。对违反有关法律法规的行为，联合农业综合执法部门加大执法力度，严厉打击非法调运，从源头和销售终端遏制检疫性有害生物的扩散。建立南繁巡查结果通报机制，特别是将确认存在疫情的企业及种子相关信息通过检疫平台及时通报省级检疫机构，加强对相关种苗的疫情处置和追踪管理，对违反相关法律法规的单位进行处罚。要努力提升有害生物安全国际治理能力与话语权，从构建全球有害生物安全命运共同体的角度出发，倡导各国通过合作方式管理有害生物安全。加强与联合国粮农组织等国际机构的沟通与合作，在全球农业有害生物安全管理中发挥重要作用。积极与非洲和东南亚等国家交流关于草地贪夜蛾等生物灾害的防控技术和经验，将国内防控与国际防控相结合，实现区域性的国家联防联控目标。

防止有害生物入侵和控制有害生物蔓延不仅是政府的责任，更是全海南人民的责任。因此，需要加强外来生物入侵的相关宣传，让全社会广泛参与外来入侵物种的防治，让海南人民意识到外来生物入侵关系到每个人的切身利益，关系到海南省经济的可持续发展。充分利用微信公众号等新媒体平台，向公众宣传重大危险性有害生物的识别。通过业务培训等途径，对南繁基地育种单位、企业进行相关法律法规宣传，普及检疫对象的识别和防控知识，形成政府重视、群众参与、责任共担的良好氛围，保障海南省生物安全。此外，各级政府领导和各检验检疫部门（如口岸、车站、机场等）人员应高度重视对外来有害生物入侵的防范，起模范带头作用，充分提高公众对有害生物的防范意识。

四、小结

在国家系列政策与措施下，海南自由贸易试验区和中国特色自由贸易港对世界贸易往来将具有更为深远的吸引力，国家南繁科研育种基地（海南）的建设，加强南繁育种基地有害生物疫情调查、监测，获取有害生物的种类、分布、为害程度等重要数据，并以获得的数据为基础，建立南繁基地有害生物监测数据库，形成数据库的共享机制，增进国内科研机构、产业部门和广大南繁育种工作者的南繁有害生物信息合作共享，促进我国南繁育种产业可持续发展。南繁有害生物监测数据库的主要作用是依据大数据对病虫草害综合计算分析的结果，实现南繁区有害生物监测预警服务，服务内容主要包括病虫害自动识别与分析、重大病虫害统计分析、病虫预测预报、风险评估等，为南繁管理部门和各地南繁育种制种单位提供决策和病虫害解决方案，实现"南繁危险性病虫害数据获取—风险评估—预测预报—防控预案"全链条南繁有害生物服务体系，建立长效稳定的植保服务机制，为实现南繁种业安全提供有力的技术支撑。

参考文献

陈岩，张立，刘力，等，2014. 我国检疫性有害生物DNA条形码信息系统建设[J]. 植物检疫，28（1）：1-5.

董照辉，张应禄，刘继芳，等，2010. 我国南繁基地建设问题的探讨与建议[J]. 中国农业科技导报，12（1）：52-55.

高云才，2018. 南繁基地：突破用地瓶颈打造种业高地[J]. 种子科技，36（8）：1-2.

韩雪梅，徐岩，张清芬，等，2002. 全球植物害虫分布状况统计及分析[J]. 植物检疫，16（4）：204-207.

黄宝荣，欧阳志云，张慧智，等，2009. 海南岛生态环境脆弱性评价[J]. 应用生态学报，20（3）：639-646.

黄春平，林兴祖，2017. 南繁杂交水稻制种田稻曲病逐年加重的原因及其防治对策分析[J]. 南方农业，11（27）：11-12.

李玲，杨桂珍，曹红兵，2004. CABI-CPC作物保护大全检索系统简介[J]. 植物检疫，18（5）：319-320.

林兴祖，周文豪，2007. 海南南繁基地水稻细菌性条斑病的发生情况与防控措施[J]. 农业科技通讯（10）：60-61.

卢荔，2013. 海南省主要瓜类作物黄瓜绿斑驳花叶病毒病调查、鉴定及防控分析[D]. 长沙：湖南农业大学.

罗文启，2015. 海南恶性入侵植物的分布特征及热带雨林的不可入侵性研究[D]. 海口：海南大学.

吕宝乾，陈义群，包炎，等，2005. 引进天敌椰甲截脉姬小蜂防治椰心叶甲的可行性探讨[J]. 昆虫知识（3）：254-258.

王峰，任春梅，季英华，等，2014. 黄瓜绿斑驳花叶病毒海南分离物基因组测定与毒源分析[J]. 植物保护，40（6）：75-81.

王伟，程立生，沙林华，等，2006. 海南岛外来入侵害虫初探[J]. 华南热带农业大学学报（4）：39-44.

吴一江，吴立峰，2014. 强化南繁植物检疫工作的建议[J]. 中国植保导刊，34（9）：67，77-78.

许桓瑜，王萍，张雨良，等，2019. 南繁硅谷建设的分析与思考[J]. 农学学报，9（1）：89-95.

郑肖兰，徐春华，郑行恺，等，2019. 海南省南繁种植区玉米病害调查[J]. 热带农业科学，39（6）：56-66.

第二章 南繁区有害生物风险评估和监测预警体系

　　海南省地理位置独特，自然条件优越，同时，高温、高湿的气候条件，有利于各种病虫草的入侵、蔓延和暴发。2013年第二届国际生物入侵大会上透露，目前入侵中国的外来生物已经确认有544种，成为世界上遭受生物入侵最严重的国家之一，已遍及34个省级行政区，近年来仍有逐渐加重的趋势。入侵物种主要包括美洲斑潜蝇（*Liriomyza sativae*）、美国白蛾（*Hyphantria cunea*）、松突圆蚧（*Hemiberlesia pitysophila*）等昆虫，紫茎泽兰（*Ageratina adenophora*）、豚草（*Ambrosia* spp.）和水葫芦（*Eichharnia crassipes*）等植物，福寿螺（*Ampullaria gigas*）、褐云玛瑙螺（*Achatina fulica*）等动物，草地贪夜蛾（*Spodoptera frugiperda*）、假高粱（*Sorghum halepense*）和红火蚁（*Solenopsis invicta*）是危险性入侵有害生物，以及造成马铃薯癌肿病（*synchytrium* endobioticum）、大豆疫病（*Phytophthora megasperma*）和棉花黄萎病（*Verticillium cottonwilt*）等致病微生物。大部分外来种入侵后难以控制，对生态系统产生的破坏性不可逆转，对农林牧渔业造成严重的损失，甚至威胁人类的健康。

　　近年来传入海南省的香蕉枯萎病（*Fusarium oxysporum*）、槟榔黄化病、细菌性萎蔫病（*Erwinia amylovora* var. *tracheiphila*）、多主棒孢病害（*Corynespora cassiicola*）、椰心叶甲（*Brontispa longissima*）、螺旋粉虱（*Aleurodicus disperses*）、红火蚁（*Solenopsis invicta*）、假高粱（*Sorghum halepense*）、薇甘菊（*Mikania micrantha*）等有害生物对橡胶、香蕉、棕榈植物及南繁作物的健康发展威胁巨大。据估计，热带作物受有害生物为害损失产量达15%～50%，严重时甚至绝收，同时，每年有全国29个省（区、市）的700多家机构的6 000多名专家学者和科技人员来南繁基地开展育种科研工作，南繁因其特殊的生态环境成为"全国和世界危险性有害生物的汇集地及中转站"的风险也逐渐加大。海南省作为热带地区新品种繁育基地，每年都有大批的种子、种苗频繁出入，特别是东南亚地区热带经济作物种苗引进，给多种病虫草的传播带来了极大的风险，加上部分种子种苗不申报和漏报，甚至有意逃避检疫，导致新传入海南省的检疫性有害生物种类有所增加，尤其是外来有害生物通过中转海南及全国扩散的风险不断加大。因而加强海南省区域有害生物调查、监测与重大病虫风险分析，为海南省农作物和南繁作物有害生物的防控提供第一手的疫情资料和风险预测，具有十分重大的意义。

自动化、智能化的监测技术是提升病虫害预警的重要途径，然而，南繁区属于热带地区，病虫害的发生受气温、降雨等众多不确定因素影响，加之南繁区耕地碎片化程度高、季节性强，单一监测技术和模型难以取得好的效果，在长期定点监测及数据维护方面都存在着问题。加强国家南繁科研育种基地（海南）建设，打造国家热带农业科学中心，面对党中央对南繁育种基地新的要求，有必要全面梳理南繁区有害生物监测预警发展情况，在现有技术平台的基础上，借用各地成功的发展经验，提出新形势下南繁作物有害生物监测预警体系的对策建议。

一、有害生物风险评估

（一）海南省周边国家有害生物

2018年1月至2020年1月，中国热带农业科学院环境与植物保护研究所专家赴柬埔寨、泰国、越南、缅甸4个国家实施"一带一路"热带作物病虫害与生防资源联合调查等工作任务。其中赴缅甸执行"热带果蔬作物病虫害及生防资源联合调查""橡胶木薯病虫害及生防资源联合调查"；赴马尔代夫执行"椰心叶甲天敌释放应用技术示范"等任务；赴越南执行粮饲作物、果蔬病虫害调查、绿色防控及农业废弃物利用等领域相关技术的调研与指导，了解和收集越南生防天敌资源；赴柬埔寨执行桑蚕资源、热带作物与粮饲作物病虫害调查及绿色防控等领域相关技术的调研与指导，了解和收集柬埔寨生防资源。

共调查海南省周边4个热带国家发生的有害生物共61种，其中虫害31种、病害23种、杂草7种。在所调查的有害生物中大面积严重发生与为害的有18种（表2-1），包括草地贪夜蛾（*Spodo ptera frugiperda*）、双条拂粉蚧（*Ferrisia virgata*）、黄胸蓟马（*Thrips hawaiiensis*）、香蕉细菌性枯萎病（*Ralstonia solanacearum*）、螺旋粉虱（*Aleurodicus disperses*）、壮铗普瘿蚊（*Procontarinai robusta*）、木瓜秀粉蚧（*Paracoccus marginatus*）、细菌性黑斑病（*Xanthomonas campestris* pv. *mangiferae indicae*）、细菌性角斑病（*Xanthomonas campestris*）、芒果实蝇（*Bactrocera occipitalis*）、橘小实蝇

（*Bactrocera dorsalis*）、橡胶树棒孢霉落叶病（*Corynespora cassiicola*）、木薯绵粉蚧（*Phenacoccus manihoti*）、椰子织蛾（*Opisina arenosella*）、双钩巢粉虱（*Paraleyrodes pseudonaranjae*）、椰心叶甲（*Brontispa longissima*）、锈色棕榈象（*Rhyncophorus ferrugineus*）和柑橘潜叶蛾（*Phyllocnistis citrella*）。

表2-1　海南省周边热带国家有害生物危险性有害生物名录（2018—2019年）

序号	有害生物名称	调查寄主	调查区域	为害程度
1	草地贪夜蛾（*Spodoptera frugiperda*）	玉米	越南山罗省、柬埔寨金边市和马德望省	+++
2	双条拂粉蚧（*Ferrisia virgata*）	香蕉	越南山罗省、河内市	++
3	黄胸蓟马（*Thrips hawaiiensis*）	香蕉	越南山罗省、河内市	++
4	香蕉细菌性枯萎病（*Ralstonia solanacearum*）	香蕉	越南河内市	++
5	螺旋粉虱（*Aleurodicus disperses*）	辣椒、香蕉	泰国佛丕府	++
6	壮铗普瘿蚊（*Procontarinai robusta*）	芒果	泰国佛丕府和北碧府	++
7	木瓜秀粉蚧（*Paracoccus marginatus*）	木瓜、木薯	泰国佛丕府、越南河内市	++
8	细菌性黑斑病（*Xanthomonas campestris pv. mangiferae indicae*）	芒果	缅甸勃固省、曼德勒省	+++
9	细菌性角斑病（*Xanthomonas campestris*）	芒果	缅甸勃固省、曼德勒省	+++
10	芒果实蝇（*Bactrocera occipitalis*）	芒果	缅甸孟邦萨通	+++
11	橘小实蝇（*Bactrocera dorsalis*）	芒果	越南山罗省、河内市	+++
12	橡胶树棒孢霉落叶病（*Corynespora cassiicola*）	橡胶	缅甸孟邦	+++
13	木薯绵粉蚧（*Phenacoccus manihoti*）	木薯	泰国佛丕府	+++
14	椰子织蛾（*Opisina arenosella*）	椰子	泰国佛统府	+++
15	双钩巢粉虱（*Paraleyrodes pseudonaranjae*）	椰子	泰国佛统府	++
16	椰心叶甲（*Brontispa longissima*）	椰子	泰国佛统府	++
17	锈色棕榈象（*Rhyncophorus ferrugineus*）	椰子	泰国佛统府	++
18	柑橘潜叶蛾（*Phyllocnistis citrella*）	柑橘	泰国佛丕府	++

（二）海南省苗圃有害生物

对海南省苗圃有害生物进行调查，有害生物种类共计106种，其中，虫害56种、病害45种、杂草5种（表2-2）；调查发现国家林业局发布的林业检疫性有害生物4种，包括薇甘菊、锈色棕榈象、红火蚁和扶桑绵粉蚧，危险性有害生物8种，包括椰心叶甲、椰子织蛾、美洲斑潜蝇、褐纹甘蔗象、水椰八角铁甲、桑天牛、飞机草和五爪金龙。调查有害生物总发生面积1.10万亩，占海南全省有林地面积的26.2%，其中轻度发生0.85万亩、中度发生0.23万亩、重度发生0.01万亩。

表2-2　海口市林业苗圃有害生物调查情况（2019年）

名称	种类数	发生面积（万亩）	占苗圃总面积的比例（%）
虫害	56	0.24	5.6
病害	45	0.52	12.4
杂草	5	0.35	8.2
合计	106	1.1	

（三）南繁区有害生物

调查南繁区有害生物总共75种，其中虫害31种、病害33种、杂草11种（图2-1），包括农业农村部检疫性有害生物7种，分别为红火蚁、草地贪夜蛾、扶桑绵粉蚧、假高粱、瓜类果斑病菌（*Acidovorax citrulli*）、黄瓜绿斑驳花叶病毒（Cucumber green mottle mosaic virus，CGMMV）和玉米褪绿斑驳病毒（Maize chlorotic mottle virus，MCMV）。

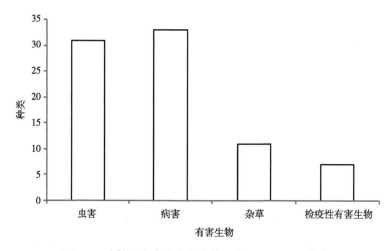

图2-1　南繁区有害生物调查情况（2018—2019年）

（四）外来入侵物种风险分析

根据风险性评估体系及多指标综合评估计算方法，结合上述调查分析，对海南省区域性外来入侵物种进行了风险评估（表2-3）。其中，假高粱R值为2.38，草地贪夜蛾R值为2.30，椰子织蛾R值为2.26，木瓜秀粉蚧R值为2.25，瓜类果斑病菌R值为2.23，扶桑绵粉蚧R值为2.20，红火蚁R值为2.19，在海南省属于高风险有害生物；薇甘菊R值为1.96，水椰八角铁甲R值为1.92，螺旋粉虱R值为1.85，细菌性黑斑病R值为1.84，三叶草斑潜蝇R值为1.75，在海南省属于中风险有害生物。

表2-3　海南省区域性外来入侵物种风险评估

序号	有害生物名称	风险R值	风险等级	分布区域	为害程度
1	假高粱（*Sorghum halepense*）	2.38	高	全省	+++
2	草地贪夜蛾（*Spodoptera frugiperda*）	2.30	高	全省	+++
3	椰子织蛾（*Opisina arenosella*）	2.26	高	全省	++
4	木瓜秀粉蚧（*Paracoccus marginatus*）	2.25	高	儋州、乐东	+
5	瓜类果斑病菌（*Acidovorax citrulli*）	2.23	高	三亚、乐东、陵水	++
6	扶桑绵粉蚧（*Phenacoccus solenopsis*）	2.20	高	海口、三亚	+
7	红火蚁（*Solenopsis invicta*）	2.19	高	全省	++
8	薇甘菊（*Mikania micrantha*）	1.96	中	全省	+
9	水椰八角铁甲（*Octodonta nipae*）	1.92	中	东方	+
10	螺旋粉虱（*Aleurodicus disperses*）	1.85	中	全省	+
11	细菌性黑斑病（*Xanthomonas campestris* pv. *mangiferae indicae*）	1.84	中	三亚、东方	++
12	三叶草斑潜蝇（*Xanthomonas campestris*）	1.75	中	全省	++

二、监测预警体系

（一）南繁有害生物监测预警系统总体框架

1. 国内有害生物监测预警系统

国内农业病虫害监测预警系统也得到了长足的进步与发展，包括远程监测技术、遥感监测技术、监测数据处理以及无人机航空影像分析在有害生物发生危害方面的监测预警应用,同时,农业信息化技术已经在农业上逐步应用,开发应用了重大病虫害远程监测物联网,被广泛应用于农业生产中。我国已建成具地理信息系统基本功能及决策支持系统(DSS)的全国主要粮食作物病虫害实时监测预警系统,对小麦、玉米、水稻、马铃薯、高粱和谷子6种主要粮食作物的60余种病虫害进行实时监测、预警和诊断,同时将预警数据转化成电子地图显示病虫害发生点数及地域分布,可对小麦白粉病、赤霉病、纹枯病、稻瘟病、稻曲病、马铃薯晚疫病、麦蚜、小麦吸浆虫和玉米螟9种重要病虫害做出短期防治决策,此系统有助于提高对主要粮食作物病虫害管理的科学水平。林业部门也在森林病虫害防治、检疫、中心处理系统研发的基础上,专门构建了用于森林病虫害监测、防治和管理的森林病虫害管理信息系统。近年来,雷达监测技术和大数据分析正蓬勃发展,通过借助最新通信技术可以通过传感器、雷达、摄像机和无人机收集数据,系统采用Lora(long range)与TVWS(TV white space)相结合的技术来满足农场远距离和高宽带数据传输的需求,平台能够长时间持续稳定工作,而且即使在偏远的大型户外农场也可保证网络连接不会中断。

2. 南繁作物有害生物监测预警体系构架

南繁区有害生物监测站点已比较健全,各级政府均建有监测网络系统,包括病虫害预测预报、防治技术、植物检疫、农药管理、信息制作与发布系统。三亚市于2007年建成区域病虫监测站,实现了病虫的定期监测、及时预警和信息共享,提高了工作效率和病虫害综合防控的科学性,使三亚市农作物病虫害监测预警能力得到全面提升,在指导农民防治水稻重大害虫三化螟、稻纵卷叶螟和稻飞虱取得了成效、在有效保障地方农业生产安全方面取得了明显的效果。

现有的病虫害监测系统中缺少定量化的长期定点监测、预警模型、快速检测和鉴定、数据分析和诊断等模块,这些模块的缺失将不能及时为南繁区发布病虫害动态信息提供技术支撑。中国热带农业科学院环境与植物保护研究所在南繁区通过高空灯诱集迁飞害虫,并根据害虫卵巢进行分级预测其产卵期和害虫的迁入迁出情况;在三亚、陵水和乐东固定监测点,通过理化诱控技术监测田间草地贪夜蛾、稻纵卷叶螟和稻飞虱等害虫的发生动态;在三亚安装了昆虫垂直雷达,定量化地获取不同时间和天气条件下昆虫的迁飞数据;在陵水县安马洋安装了远程虫情监测设备和远程孢子捕捉仪,通过物联网技术从云端实时获取病虫害数据,为南繁作物有害生物的监测预报提供信息支撑。通过在南繁区进行现代化植保技术和信息技术融合,初步构建了监测预警功能模块,包括监测平台、测报平台、检测与鉴定、数据查询和诊断网络5个子系统(图2-2)。每个子系统分别负责南繁区域的病虫害管理与服务。各子系统之间相互联系，可随时进行线上信息交换，主要专注发布南繁区有害生物的发生分布、趋势动态等信息。

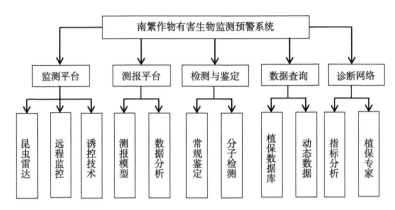

图2-2　南繁作物有害生物监测预警系统主要功能模块

（二）南繁作物有害生物监测预警体系

1.南繁有害生物监测技术应用

（1）诱控监测技术。诱控监测包括物理诱控和化学诱控。物理诱控技术应用包括在南繁基地安装粘虫板和测报灯、高空灯等设备，其优点在于可同时诱控多种害虫且不会伤害人、畜和天敌。例如在南繁瓜菜基地，安装了黄色粘虫板可诱控蓟马、蚜虫和小菜蛾等昆虫，在田间可根据害虫的趋色性使用特定颜色的粘虫板进行诱捕；灯光诱控目前是南繁基地使用较多的一种监测手段，利用了害虫的趋光性，目前在田间安装了频振式杀虫灯、黑光灯、光波诱控灯、远程测报灯等设备均能较好地监测虫害发生情况，例如本研究组用安装在三亚的高空灯成功诱集了一种检疫性有害生物——中对长小蠹（*Euplatypus parallelus*），并对其在海南省的发生动态进行了监测预警。相比于物理诱控，化学诱控有更高的选择性和灵敏度，本研究组在南繁基地使用了新型诱捕器及诱芯监测重要虫害，诱芯具有缓释结构，持效期长，可达45d以上，能够满足南繁区水稻、玉米等育种制种的需要，同时，诱芯中信息素化合物释放均匀，解决了草地贪夜蛾、稻纵卷叶螟的测报难题，可满足测报的需求。

（2）昆虫雷达监测技术。昆虫雷达是开展迁飞性害虫监测与研究的一种重要设备，可利用昆虫自身的"回波"，用模式参数计算出迁飞害虫的数量、体型、飞向、高度等，并形成监测数据。根据工作方式，雷达可分为扫描雷达、垂直监测雷达和谐波雷达等，按照波长可以分为毫米波雷达和厘米波雷达，根据调制方式可以分为脉冲雷达和调频连续波雷达。目前，中国热带农业科学院在国家南繁育种基地安装和运行垂直雷达1台和车载雷达2台，可对海南省上空的迁飞昆虫进行预测预报，同时有效地开展害虫的监测和防控，保障国家南繁育种和海南省农业生产的安全。此次安装的昆虫雷达也是我国热区农业科研单位首次购置昆虫雷达设备，昆虫迁飞雷达监测技术相比于传统技术，可以获得目标昆虫的飞行高度、方向、速度，以及体型大小、形状、数量和密度等信息，对目标的识别能力更为精确。3台雷达的配合会提供更多虫情预报信息，能够为海南省、热区及全国迁飞性害虫防治提供及时的决策辅助信息，为我国粮食安全、热带农业提供技术支撑。

（3）远程监测技术。病虫害远程监测系统是一套完整的农业物联网解决方案，可以实现虫情信息、病菌孢子、农林气象信息的实时采集，还可以对这些数据进行上传分析，提高作物的病虫害监测效率。中国热带农业科学院在陵水县安马洋南繁水稻育种基地安装了病虫害远程监测设备，包括远程虫情监测系统和远程孢子捕捉仪，远程虫情监测系统是利用光、电、数控集成计数，实现虫体远红外自动处理，在无人监管的情况下，自动完成诱虫、杀虫、虫体分散、拍照、运输、收集和排水等系统作业，实时将环境气象和虫害情况上传到指定智慧农业云平台，在网页端显示识别的虫子种类及数量，根据识别的结果，对虫害的发生与发展进行分析和预测；远程孢子捕捉仪内含高倍显微镜，采用了条形码识别追溯、精度限位、自动智能化聚焦、4G无线传输控制技术，全天候实时采集分析，节省时间，更加人性化，自动模式增加精准定位功能，提高拍照的清晰度，对平台进行优化。这两套设备的安装使用，可对南繁育种基地虫情信息、病菌孢子、农林气象数据自动采集及远距离传输，实现远程监测，同时有效开展对迁飞害虫的监测和防控，保障南繁育种的产量和品质。中国热带农业科学院首次在南繁育种区布控病虫害远程监测系统，该技术相比于传统田间监测技术，测报的稳定性和准确性更高，同时诱捕到的害虫经过干燥便于保存，以利于后期试验需要。病虫害远程监测和高空灯监测设备的安装解决了远程实时测报的难题，是我国热区农业生产中重要研究方向之一。

（4）空间分析和数据挖掘。3S技术包括遥感技术（RS）、地理信息系统（GIS）和全球定位系统（GPS）3种技术。在南繁作物有害生物监测预警体系方面，GPS可全方位、全时段、高精度监控南繁作物的生长状况或入侵生物的活动情况及范围；GIS是建立南繁作物数据库和南繁有害生物信息系统；RS可应用在南繁作物受病虫害侵袭前后，会导致作物的波谱值发生变化，通过提取光谱信息来分析有害生物的发源地、分布和发展状况。为提高数据挖掘方面的准确性和有效性，在3S技术模型的基础上，将数据库与WebGIS技术相结合，提出南繁病虫害知识库的实用设计和构建方法，初步实现基于Web应用框架的预报系统。现有条件下，将南繁基地现有数据加以整合是一种可行之道，形成"数据采集→数据分析→构建模型→预测预报→信息发布"的信息链条。

2.预警预报技术应用

预警技术有常规数学模型、生态位模型、气候模型，运用这些模型可预测病虫害的发生规律，预判有害生物的发生时间和程度，从而有效防治病虫害。

（1）数学模型。运用数理逻辑方法和数学语言建构的常用科学或工程模型，可以对病虫害进行预报预测，建立常规数学模型可预判下一次的病害发生情况，还可预测有害生物的发生规律和越冬数量，常使用R语言技术、回归模型、判别模型、BP神经网络模型和支持向量模型来评价病虫害发生等级和田间消长动态，适用于做长期的预测预报。本研究组于2019年对越南安州县草地贪夜蛾发生情况进行了调查，通过对3块玉米田虫株率与百株虫量关系进行回归分析，得到4个幂函数模型，预测了越南北部田间草地贪夜蛾的发生动态，为该虫在此区域的入侵、发生和迁飞规律等方面提供了依据，但由于调查区域有限，时间段较少，还不能全面反映该地区草地贪夜蛾的发生情况；利用地统计学方法分析了木瓜秀粉蚧在海南省木瓜园的空间分布规律，发现木瓜秀粉蚧成虫很难长距离扩散，同时木瓜园的栽培模式也可能使得小气候差异而导致木瓜秀粉蚧扩散存在差异，以此来加强对木瓜秀粉蚧的风险管理和预警措施。数学模型方法能考虑样点的位置和彼此间的距离，可以避免调查出现的系统误差，可用于研究有一定随机性和空间异质性的各种变量的分布规律。

（2）生态位模型。生态位的模型原理主要是利用已有的物种分布资料和环境数据产生以生态位为基础的物种生态需求，探索物种已知分布区的环境特征与潜在分布区域的非随机关系。MaxEnt是近几年应用比较广泛的物种分布预测软件，很多研究结果均表明其预测结果要优于同类模型，特别是在物种分布数据不全的情况下。本研究组利用MaxEnt和GIS软件预测了中对长小蠹和对粒材小蠹在中国范围内气候条件适宜存活的区域，在此基础上结合寄主分布特征，定量地获得了入侵害虫的潜在发生区，并提供了ArcGIS适生区预测分布图，分析了影响其发生的主要环境因子，预测均获得了较好的效果，此类模型可为南繁区入侵害虫的检疫及防治决策的制定提供科学依据。

（3）气候模型。气候是影响物种分布的主要因素，通过调整气候参数文件使得预测结果与已知区域吻合。一旦确定了物种所需要的气候参数，就以此来预测该物种的潜在适生区。在南繁区生物入侵的发生是不可逆转的，人工控制的成本极高，入侵后即使花费巨资也无法清除，外来物种的研究数据不足时，利用温度、湿度、降水量等气候因子，通过比较其原产地与潜在入侵地的气候相似性是一种可行的方法，可预测危险性外来种的适生区，为动植物检疫部门及时采取相应控制措施提供科学依据。本研究组以重大棕榈害虫椰心叶甲为实例，应用Climex模型分析了椰心叶甲在我国分布为害的原因，发现椰心叶甲的生存、发育繁殖甚至大流行都与气象条件有着密切的关系，因而综合气象条件做出了预测模型。在南繁区利用有害生物适生的气候条件建立预测模型，预测准确率相对其他模型高，能很好地预防外来入侵生物的发生。

3. 南繁作物有害生物的监测预警体系

监测方面，利用现有的诱控监测、昆虫雷达和远程监测方式，建立基于3S的模型；预警方面，利用数学模型、生态位模型和气候模型结合不同模型的优势建立预警模型；借助物联网及大数据分析技术建立南繁区病虫害监测预警系统，此系统可进一步扩展，用于监测预警未来有可能入侵全岛甚至全国的入侵危险性物种。

三、建议

伴随着海南自贸港建设和农产品国际贸易的大背景，海南省有害生物的传入风险也不断加大，预防外来生物区域间的入侵、传播和扩散成为不可忽视的问题。尤其是与国际和国内交流越来越频繁，人员及交通运输工具的出入境次数激增，有害生物随货物、包装或携带物入境的风险越来越大，对农业生产造成严重威胁，而且为害的作物种类和面积在不断增加。区域性有害生物危害已成为海南省农业能否可持续发展的重要限制因了之一，对海南省热作和南繁产业的潜在影响与威胁将十分严重。海南省地处两大洋和两大陆的交汇地带，是太平洋通往印度洋的海上走廊，是多条国际海运线和航空运输线必经之地，是连接亚太地区与世界的最主要的海上运输通道之一，在港口、国际中转、海运航线、物流配送、邮轮客运等渠道很容易传播有害生物。2018—2019年通过调查海南省周边4个热带国家的有害生物发现，草地贪夜蛾、双条拂粉蚧、黄胸蓟马、香蕉枯萎病、螺旋粉虱、壮铗普瘰蚊、木瓜秀粉蚧、细菌性黑斑病、细菌性角斑病、芒果实蝇、橘小实蝇、橡胶树棒孢霉落叶病、木薯绵粉蚧、椰子织蛾、双钩巢粉虱、椰心叶甲、锈色棕榈象和柑橘潜叶蛾共18种有害生物大面积发生。同时，调查海南省苗圃发现林业检疫性有害生物4种，包括薇甘菊、锈色棕榈象、红火蚁和扶桑绵粉蚧，上述这些有害生物可通过种苗或借助农产品的贸易活动，尤其是跨境跨区域运输扩散到海南省，通过风险分析为海南省的苗圃检疫和有害生物监测预警提供了基础信息。

（一）强化人才培训

中国热带农业科学院环境与植物保护研究所目前拥有热带作物病虫害生物防治工程技术研究中心、海南省热带作物农业有害生物监测与控制重点实验室、海南省热带作物病虫害生物防治工程技术研究中心、农业农村部热带作物有害生物综合治理重点实验室等植保科研平台，海南省各市、县设置有植保植检站、农技中心植保站、农业技术服务局、植保站农作物病虫测报站和农技中心测报站等政府单位或平台，虽然有上述众多平台支撑南繁病虫害监测工作，但南繁作物监测预警方面仍存在管理体制不顺、人员队伍不稳定、缺乏专业人才等问题。有害生物监测预警是一门跨学科的复合型技术，建成完善的体系平台就必须保障复合型人才的输入。目前海南省有害生物监测预警的现状是基层人员科技能力较弱，例如海南省白沙县、琼中县和五指山市等中部山区市（县）的基层测报人员，绝大部分由当地村民组成，其中，年轻人学习能力强，但跳槽频繁，年龄较大者，虽工作时间长，但学习能力较弱，对新知识接受能力不强。因此，各级单位可以选派专业人员到南繁区所辖市（县）基层挂职锻炼，加大对基层人员的补助，着力解决基层工作人员学习和工作上的困难。科研院所，例如中国热带农业科学院、海南大学、海南省农业科学院和海南省农业学校等单位可以组织科技人员和学生到南繁基地实习和实践，同时还可以联合三亚、乐东和东方当地政府组织举办基层农技人员培训班，对测报技术人员优先进行培训。

（二）完善制度建设

南繁区所辖范围内活动的风险或控制可能对其他省份及国家构成潜在的入侵源，并采取适当的个人和合作行动以最大限度地降低这种风险，这对南繁育种区特别重要，因为物种入侵南繁育种基地可以很容易地传播到其他省份。同时，海南省地处两大洋和两大陆的交汇地带，是太平洋通往印度洋的海上走廊，是多条国际海运线和航空运输线必经之地，是连接亚太地区与世界的最主要的海上运输通道之一，在港口、国际中转、海运航线、物流配送、邮轮客运等渠道很容易传播有害生物。海南省可以在联合国《生物多样性公约》的基础上，制定更为严格的区域性条约以应对自由贸易港建设中外来物种可能对生态系统造成不利影响，或尽可能消除它们带来的风险，并建立威胁海南省淡水和海洋生物的入侵物种清单，通过了解具有侵入性的物种所涉及的生物学、社会、经济和其他因素，使用通用的定义和标准将其分类，同时也为南繁作物病虫害生物防治工作提供依据。

21

（三）创新监测预警技术

各级测报人员在监测病虫害时按照国家监测预报技术标准执行，在此基础上创新有害生物监测预警技术。一是加大科研攻关力度，自主研发或引入监测预警模型，建立监测预警云平台；二是加快应用昆虫雷达、高空测报灯等仪器，将获取的信息存储入数据库，充分掌握害虫的迁飞路径，全方位把握害虫的信息，做到早发现、早预警；三是各监测预警中心可采取DNA条形码等快速检测技术，以应对突如其来的有害生物；四是紧跟网络时代的步伐，善于利用大数据、人工智能、云计算等技术，实现海南省有害生物物联网监测预警，构建海南省有害生物监测预警物联网概念模型，加强和改进有害生物监测预警网络建设。

对12种海南省区域性外来入侵物种进行了风险评估，发现草地贪夜蛾、椰子织蛾、木瓜秀粉蚧、瓜类果斑病菌、扶桑绵粉蚧和红火蚁在海南省为高风险有害生物，上述有害生物在海南省局部地区发生为害，繁殖速度快，在热带地区多种作物均是寄主，一旦这类入侵物种扩散蔓延，将对热带地区经济作物造成严重威胁。海南省作为国家的南繁育种基地和冬季瓜菜基地，每年繁育3 000多个品种，科研和经济价值高，其中水稻、玉米、棉花、茄子、西瓜、马铃薯、番茄等作物是上述部分有害生物的寄主植物，区域性有害生物的入侵，将影响我国南繁种业安全和反季节蔬菜的供给。建议相关部门加强检疫措施，阻止上述有害生物的进一步扩散为害，同时，在发生此类有害生物的区域开展监测预警工作，要及时监测和控制发生区域；在调运种苗的过程中，应进行严格的消毒和检疫，防止此类有害生物向其他区域扩散。建立海南省区域性有害生物风险分析，通过了解具有侵入性的物种所涉及的生物学、社会、经济和其他因素，制定相应的防控预案，为热带和南繁作物病虫害防治工作提供依据。

伴随着海南省建设自由贸易港、打造南繁硅谷、创设全球动植物种质资源引进中转中心，人员交流和贸易往来日益密切，随之而来的有害生物入侵风险也空前加大。如何更好地整合海南省众多的高校、科研院所、各级组织的平台资源将是我们重点思考的问题。近年来，海南省积极引进高校和科研院所，在三亚建设南繁硅谷、崖州湾大学城、崖州湾科技城，众多高校的试验平台及研究成果也将能更好地服务海南省有害生物监测预警体系的建设。同时，各所高校及科研院所也应很好地管理实验室，以免造成有害生物逃出实验室的后果。同时，各级植保站可根据现有条件最大化地利用公众号、论坛、网络直播等新媒体多方面地发布有害生物情报，使各级政府及广大农民尤其是种粮大户能提前做好防范准备，更好地发挥南繁作物有害生物监测预警的指导作用。

参考文献

常兆芝，徐鲁，杨勤民，等，2002. 农业有害生物疫情普查方法初探[J]. 植物检疫，16（3）：190-191.

陈冠铭，曹兵，刘扬，2017. 国家南繁育制种产业发展战略路径研究[J]. 种子，36（1）：68-72.

方世凯，冯健敏，梁正，2009. 假高粱的发生和防除[J]. 杂草科学（3）：6-8.

费运巧，刘文萍，骆有庆，等，2017. 森林病虫害监测中的无人机图像分割算法比较[J]. 计算机工程与应用，53（8）：216-223.

高灵旺，沈佐锐，夏冰，等，2009. 农业病虫害监测预警信息技术链研究与设想[J]. 中国植保导刊，29（11）：32-35.

黄宝荣，欧阳志云，张慧智，等，2009. 海南岛生态环境脆弱性评价[J]. 应用生态学报，20（3）：639-646.

蒋青，梁忆冰，王乃扬，等，1995. 有害生物危险性评价的定量分析方法研究[J]. 植物检疫，9（4）：208-211.

李志红，秦誉嘉，2018. 有害生物风险分析定量评估模型及其比较[J]. 植物保护，44（5）：134-145.

刘万才，陆明红，黄冲，等，2020. 水稻重大病虫害跨境跨区域监测预警体系的构建与应用[J]. 植物保护，46（1）：87-92，100.

卢辉，韩建国，张录达，2009. 高光谱遥感模型对亚洲小车蝗危害程度研究[J]. 光谱学与光谱分析，29（3）：745-748.

卢辉，唐继洪，吕宝乾，等，2020. 木瓜秀粉蚧在海南扩散规律的地统计学分析[J]. 热带农业科学，40（3）：82-86.

卢辉，钟义海，徐雪莲，等，2013. 基于MaxEnt模型的对粒材小蠹的适生性分析[J]. 热带作物学报，34（11）：2239-2245.

麦昌青，张曼丽，王硕，2013. 三亚市区域病虫监测站建设与运行成效[J]. 中国植保导刊，33（11）：81-82.

史东旭，高德民，薛卫，等，2019. 基于物联网和大数据驱动的农业病虫害监测技术[J]. 南京农业大学学报，42（5）：967-974.

司丽丽，曹克强，刘佳鹏，等，2006. 基于地理信息系统的全国主要粮食作物病虫害实时监测预警系统的研制[J]. 植物保护学报（3）：282-286.

万方浩，郭建英，王德辉，2002. 中国外来入侵生物的危害与管理对策[J]. 生物多样性，10（1）：119-125.

王明红，金晓华，刘芊，等，2006. 北京市农作物重大病虫害远程预警信息系统的构建及应用[J]. 中国植保导刊（7）：5-8.

王爽，孔祥义，刘勇，等，2016. 不同药剂对海南省甜瓜细菌性果斑病病原菌的室内药效测定[J]. 植物检疫，30（1）：56-59.

吴一江，吴立峰，昌仕健，等，2014. 南繁植物产地检疫信息数字化采集与移动管理平台初步研究[J]. 南方农业，8（31）：1-5.

张鹿平，张智，季荣，等，2018. 昆虫雷达建制技术的发展方向[J]. 应用昆虫学报，55（2）：153-159.

张智，张云慧，姜玉英，等，2017. 雷达昆虫学研究进展及应用前景[J]. 植物保护，43（5）：18-26.

HUANG C Y，ASNER G P，2009. Applications of remote sensing to alien invasive plant studies[J]. Sensors，9（6）：4869-4889.

LU B Q，PENG Z Q，LU H，et al.，2020. Inter‐country trade，genetic diversity and bio‐ecological parameters upgrade pest risk maps for the coconut hispid *Brontispa longissima*[J]. Pest Management Science，76（4）：1483-1491.

TANG J H，LI J H，LU H，et al.，2019. Potential distribution of an invasive pest，*Euplatypus parallelus*，in China as predicted by Maxent[J]. Pest Management Science，75（6）：1630-1637.

第三章　南繁区农药安全使用要求

2018年4月，习近平总书记在海南省就国家南繁基地建设做出重要指示，要求加快落实国家南繁规划，高标准建设国家南繁基地，打造"南繁硅谷"。农业农村部办公厅、海南省人民政府办公厅出台了《关于加快推进国家南繁科研育种基地建设规划落实的通知》，提出要抓紧培育具有自主知识产权的优良品种，从源头上保障国家粮食安全。南繁育制种事业经过了60多年的发展，取得了巨大的成就，但是由外来入侵生物、检疫性有害生物和重大农业有害生物带来的生物安全问题逐渐成为制约南繁种业可持续发展的瓶颈，而要解决这些有害生物的威胁，目前最有效的手段还是对这些有害生物进行农药防治。而由于南繁季节相对集中，南繁单位繁多，各自管理方式多样化，造成南繁区害虫转移为害，防治次数明显偏多，农药残留较重，缺乏科学的用药方式。本章针对南繁区农药安全使用的相关问题进行探讨，以期提高南繁科研育种的安全性，为我国南繁种业又好又快、持续稳定、健康绿色发展提供保障。

一、南繁区农药使用存在的问题

（一）农药滥用情况严重

任何农药都有其适用范围及适宜的使用方法，必须按要求施药才能收到预期的杀虫效果。但有些农民缺乏农药使用知识，认为使用的农药种类越多越好，于是在生产过程中不根据病虫发生的实际情况而盲目乱用农药。这样不仅不会达到预期的防治效果，反而会造成严重的药害，甚至造成许多害虫对农药产生抗药性，有害生物再猖獗现象严重，从而形成病虫害年年防治年年重的现象，加大了防治难度。如防治二化螟用18%杀虫双水剂在20世纪80年代用3kg/hm²防效达80%以上，现在用6kg/hm²防效只有60%左右；防治麦田阔叶杂草用98%巨星在20世纪90年代仅用药1g防效达90%以上，现在用2～3g防效只有80%～85%。

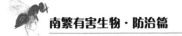

（二）施药剂量过高，施药次数过多

病虫害防治时，每种农药都有规定的使用剂量，只有在符合要求的剂量下才能达到理想的防治效果。而在实际应用过程中，许多农民不按农药使用须知的规定量使用，任意加大用药量，认为量大防治效果会更佳；还有的农民随意将几种农药混用，提高使用剂量，从而进一步加剧了病虫产生抗药性，形成农药用量越来越大的恶性循环；还有很多农民没有掌握病虫害防治的最佳时期，为了防止农作物遭受病虫害侵袭，不管有无病虫发生都频繁向作物施打"保险药""放心药"，这种现象在蔬菜等短期作物中尤为突出，尤其是经济价值越高的作物，施药就越频繁。

（三）施药器械与技术落后

目前农药施用器械主要以背负式电动喷雾器为主，其喷洒部件单一、喷雾技术落后，在使用过程中经常出现冒、跑、滴、漏等现象，造成农药资源浪费，严重影响农药利用率，同时引起环境污染及人、畜中毒事故。另外，农药使用者缺乏必要的农药科学使用知识及有效的技术指导也是造成农药药效降低、农产品农药残留超标严重、农药污染问题严重的重要因素。

（四）混淆农药类型

一些农药存放的时间稍长，瓶上标签脱落，在未辨清该药时，部分农户盲目使用，必然造成一定的药害，严重时可能造成作物颗粒无收，甚至影响下茬作物。部分农户，在使用农药时，贪图省事，经常擅自"复配"农药，使药剂效果降低或无效，有的甚至产生意想不到的药害。

（五）施药方式与农药类型不对应

一般除草剂可用喷雾方法来施药，例如丁草胺、二甲四氯等。而有些农药须作土壤处理剂，如扑草净要用撒毒土的方法来除草，若作为叶面处理剂，则易造成药害。同时施药的时间也很重要，例如扑草净的撒施需光照条件好的天气，才能发挥其效用，在阴雨天除草几乎无效。

二、科学安全使用农药

坚持适期适量用药、精准施药。根据病虫草害发生规律适时、精准施药。病害防治适期为病害未发生或发病初期，虫害防治适期为害虫未大量取食或钻蛀为害前的低龄阶段，消灭杂草选择杂草萌发前期施药；提倡最低有效剂量，保障防效的同时降低农药使用次数，保障安全间隔期；施药部位要精准，如防治霜霉病需叶背面着药，而蛾类幼虫主要分布在卷心菜等植物的叶片背面、叶间或植物基部等。

合理用药，延缓抗药性产生。避免同一地块连续重复使用相同作用机理的农药，产生抗药性；选用高效、低毒、低残留农药及生物农药，停止使用已产生抗药性的药剂，并进行抗药性治理。针对杀虫剂、杀菌剂和除草剂的抗性治理策略如下。

（一）杀虫剂抗药性治理策略

抗药性治理的目的在于寻求合适的途径以减缓或阻止有害生物抗药性的发生、发展或使抗性有害生物恢复到敏感状态，其关键是要降低农药对有害生物的选择压力。与综合防治不同，抗性治理更注重抗药性监测和抗药性水平的变化，减少农药的用量，通过各种措施延缓抗药性的产生和发展，例如通过科学合理使用杀虫剂结合栽培防治、物理防治、生物防治等方式最终来减少杀虫剂的使用量，降低杀虫剂对害虫的选择压力，从而延缓抗药性的产生，恢复害虫对杀虫剂的敏感性。关于有害生物的抗药性问题已有不少人提出了治理措施。例如美国Georghion和Saito于1983年根据影响昆虫抗药性发展的众多因素，从化学防治的角度提出了一套抗性治理策略，即适度治理、饱和治理和多项进攻治理。Biclza于2008年提出了仅在需要时使用杀虫剂、精确的施用杀虫剂及协调化学防治与其他防治方法等优化杀虫剂使用策略。

1. 适度治理

通过减少杀虫剂的使用，使昆虫种群中敏感基因保留下来，从而延缓抗药性的发生。通常田间防治选用大剂量的化学药剂，在选择压力下，害虫抗性个体保留下来产生了抗药性。生产上推荐的不完全覆盖施药的目的就是使敏感的个体在未处理区（庇护区）存活下来。

2. 饱和治理

采用高水平的施药技术，使大剂量药剂施于靶标害虫，消灭害虫种群中抗性遗传上的杂合子，达到延缓抗性发生发展的目的。一般认为杂合子抗性低于纯合子抗性，饱和治理的基本原理就是"高剂量高杀死"策略，即用较高的剂量杀死杂合子，使杂合子在功能上表现出隐性。在实施饱和治理措施时，一般在每次施药以后，要将对杀虫剂敏感的个体迁入防治区，才能达到延缓抗性发生发展的目的。目前生产上采用的低剂量的药剂与增效剂混用也属于饱和治理策略。

3. 多向进攻治理

主要是根据农药对有害生物的多位点作用，使靶标不易产生抗性。多位点作用实际上相当于抗药性基因出现的频率降低了，也就是说如果是由于分子靶标变异产生抗药性，那么作用的几个位点都要产生变异才能产生抗药性。然而要求一个杀虫剂具有多位点作用机制相当困难。但可通过将几个独立作用机制的杀虫剂混用或轮用来实现。

（1）杀虫剂混用。混用就是利用几种不同组分具有不同作用机制的化合物形成交叉作用机制，在杀虫剂使用过程中由于几乎不可能存在对几种化合物同时有抗药性的个体，所以某种化合物不能杀死的个体将被另一种化合物杀死。一般要求在害虫种群形成抗性之前或初期混用，而且要求各组分的持效期应大体相等，以免持效期过长的组分在后期形成单药剂的选择作用。

（2）杀虫剂轮用。杀虫剂轮用治理抗性能否成功的关键则是轮用的间隔期，一般要求在害虫种群对该药剂的抗性消失以后才能启用，抗性消失需要的时间，即轮用的间隔期。杀虫剂轮用成功的例子很多，例如何林等（2003）用哒螨灵与阿维菌素各轮换使用18代，朱砂叶螨对二者没有产生明显的抗药性。

（3）分区施药。分区施药又称镶嵌施药，是在一个防治区内分成不同的小区，各小区分别施用作用机制不同的药剂，这其实是杀虫剂混用或轮用概念的延伸。混用概念的延伸就是在一个治理区域的不同分区使用不同的杀虫剂，避免在同一区域形成抗性相同的种群。施药后，存活的个体在各区域间交换，原本在本区域存活下来的害虫扩散到另一区域被不同作用机制的杀虫剂杀死，这种分区施药的效果相当于杀虫剂的混用。例如蚊虫的防治，我们可以在房间不同的墙面使用不同的杀虫剂，这样蚊虫种群在同一时间接触不同的杀虫剂。如果施药后存活个体没有扩散，而是在下一个世代扩散，则害虫与下一代接触的是不同作用机制的杀虫剂。这时分区施药的效果相当于杀虫剂的轮用。

（二）杀菌剂抗药性治理策略

抗药性治理策略的实质是以科学的方法最大限度地阻止或延缓抗药性群体的形成、发展。其基本原则是降低选择压力并及早治理。要点是完善用药技术，采用综合防治、多部门合作，根据抗性监测结果，在了解影响抗药性发展因子、抗性机理的基础上，根据各地的实际情况制定合理的抗药性治理策略。抗药性治理策略的目的是使具有抗药性风险的杀菌剂对所防治病原菌具有最大防治效果。避免杀菌剂使用效果较差、持效时间较短。这样使敏感菌株重新在病原菌群体中处于优势地位。当下一个种植循环中再次使用具有抗药性风险的杀菌剂时这些杀菌剂仍然具有防治效果。

1. 开展抗药性风险评估

建立各种重要病原菌的敏感性基线及有关技术资料数据库，并尽早研究还未发现抗药性的病原物—药剂组合产生抗药性的潜在风险，及早采用合理用药措施。

2. 杀菌剂交替使用

采用无交互抗药性或负交互抗药性杀菌剂交替或轮换使用，可以减轻具有抗药风险杀菌剂对天然抗药菌株的选择压力，延缓或克服抗药性的发生发展，例如甲霜灵与烯酰吗啉轮换施用可延缓甲霜灵抗性的产生。但不同作用机制的杀菌剂轮用要注意病原菌多重抗性的产生。对于已发生抗药性的病原菌，可根据不同的抗药性类型，采用不同的治理策略。对于数量遗传抗药性，在抗药性水平不高时，可采用适当提高药剂使用剂量或增加用药频率的措施；质量抗药性多是由单作用位点突变引起的，如甲氧基丙烯酸酯类和苯并咪唑类杀菌剂，这就意味着这类杀菌剂属高风险性杀菌剂，一旦病原菌产生抗药性，通过提高杀菌剂的使用频率或者增加用药次数已不能控制病害的为害，应及时更换不同类型的有效药剂加以防治。

3. 加强田间抗药性监测

根据不同病害、杀菌剂种类及用药水平划分检测对象，定时定点检测病原群体抗药性水平、抗性菌株的比率及其消长情况，评估不同用药措施对抗药性的延缓作用，制定和完善科学的抗药性治理策略。

4. 采用低抗性风险新药剂

开发并推广应用具有多作用位点、低抗性风险、无交互抗性的新药剂，并在其进入市场前进行病原菌抗药性风险评估和预测，以便及早采取预防措施。在确保传统的保护性杀菌剂有一定量的生产和应用的同时，根据植物与病菌之间的生理生化差异性，开发和生产不同类型的安全、高效专化性杀菌剂，储备较多的有效品种。如几丁质是真菌细胞壁的主要结构成分，而不存在于植物组织中。真菌与植物体内组装纺锤体的微管蛋白结构、蛋白质合成机制及RNA合成酶系等也不同。此外，真菌与植物体生物膜结构组分的差异，也已成为人们开发研究新杀菌剂的热点。随着杀菌剂毒理学等方面研究的深入，还可能发现病原菌与其他生物之间更多的生化差异并用来开发新农药。

5. 开发负交互抗药性的杀菌剂

这是治理抗药性的有效途径，如对苯并咪唑类杀菌剂有负交互抗药性的苯-N-氨基甲酸酯类的乙霉威已在我国生产应用。通过研究具有交互抗性的杀菌

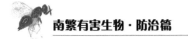

剂构效关系，为创制作用机制新颖的杀菌剂提供指导。

6. 创制利用新杀菌剂或药剂混配

在了解杀菌剂的生物活性、作用机理和抗药性发生状况及其机理的基础上，创制不同作用机制的新杀菌剂或利用现有药剂混配，选用科学的混剂配方。例如三唑醇和十三吗啉都是抑制麦角固醇生物合成，防治白粉病的特效药剂，但前者作用位点是碳十四位的去甲基反应，后者是阻止$\triangle^8 \rightarrow \triangle^7$异构反应，两者混用既可防止抗药性发生，又可增加防效。

7. 研制有增效作用的杀菌剂混剂

采用不同作用位点的杀菌剂混用，可取得较好的延缓或克服抗药性的效果。目前已出现了一些抗生素（antibiotic）、钙调素抑制剂（calmodulin inhibitor）、阳离子抑制剂（cationic inhibitor）、呼吸抑制剂（respiration inhibitor）、生物膜ATP酶活性抑制剂（biofilm ATPase activity-inhibitor）、离子载体抗生素（ionophoric antibiotic）以及一些多作用位点抑制剂与SBI杀菌剂混合使用的研究报道，发现均能达到增效的目的。

（三）除草剂抗药性治理策略

抗药性杂草的形成是多因素的，作用机理也是多方面的，因此抗药性杂草的防治也应是多种方法的综合运用，主要包括对除草剂抗性生物型杂草的检疫、除草剂的合理使用、合理轮作、改进现有的耕作模式、采用生物除草技术、选育和种植对除草剂有耐药性的作物品种等多种策略方法。一旦确证某种杂草近期产生了抗药性，应尽最大努力把它控制在原发区，防止其种子产生和传播蔓延。同时立即组织农田检疫，检疫内容包括：所有农机具在离开该区域前必须清除所携带的杂草种子；必须保证杂草种子不会经过青储饲料、粪肥和作物种子传播；适时耕作，防止残存于土壤中的杂草种子通过其他途径如风、水等向外传播。

1. 除草剂的交替使用

交替使用除草剂尤其是适用具有负交互抗性的除草剂能使抗性杂草比敏感杂草容易控制。但是这种方法也有可能使杂草产生交互抗性，所以在选择轮用除草剂时必须注意这几点：轮换使用不同类型的除草剂，避免同一类型或结构相近的除草剂长期使用；轮换使用对杂草作用位点复杂的除草剂；轮换使用作用机制不同的除草剂或同一除草剂品种的不同剂型。

2. 除草剂的混用

具有不同化学性质和不同作用机制的除草剂按一定的比例混配使用是避

免、延缓和控制产生抗药性杂草最基本的防治方法。混配的除草剂混合剂可明显降低抗药性杂草的发生频率，同时还能扩大杀草谱、增强药效、减少用药量、降低成本等。例如美国与澳大利亚连作稻田使用农得时4年，慈姑（*Sagittaria sagittifolia*）与异型莎草（*Cyperus difformis*）产生抗性；而日本稻田连年使用农得时，因采用混用未发现抗性杂草。

3. 除草剂安全剂和增效剂使用

一般除草剂是通过选择性来保护作物，而安全剂的应用可能使一些非选择性或选择性弱的除草剂得以使用，降低选择压力，扩大杀草谱。例如丁草胺（butachlor）加入安全剂Mon-7400后，可显著提高对水稻秧苗的安全性，同时还能提高对稗草的防除效果。增效剂的使用可增加除草剂的吸收、运转或减少除草剂降解、解毒。例如增效剂甲草胺（alachlor）对莠去津防治某些杂草具有增效作用，用于防除藜和苋，可降低莠去津的用量。

4. 在阈值水平上使用除草剂

把经济观点和生态观点结合起来，从生态经济学角度科学管理杂草，降低除草剂用量，有意识地保留一些田间杂草和田边杂草，可以使敏感性杂草和抗药性杂草产生竞争，通过生态适应、种子繁殖、传粉等方式形成基因流动，以降低抗药性杂草种群的比例。据李永峰等（1999）报道，连续重复使用广谱性除草剂后，田旋花（*Convolvulus arvensis*）和打碗花（*Calystegia hederacea*）都产生了抗药性，而且已传播和蔓延，但如果维持一定数量的波斯婆婆纳（*Veronica persica*）和野芝麻（*Lamium barbatum*）等一年生杂草，就能通过杂草种间的竞争压力限制或减少抗药性杂草的数量。

5. 改变现行的种植体系

许多恶性杂草与特定的作物和特定的种植模式有着密切的联系，因此通过轮作更换作物种类、改变现行的栽培耕作制度、发展更具竞争力的种植体系可以打破杂草的生长周期，降低杂草对环境的适应性和竞争力，减少杂草的数量，减少除草剂的用量，延缓抗药性杂草的产生。一个成功的实例是，用冬季播种的谷类作物取代春季或夏季播种的谷物和大豆，取得明显效果。

6. 生物防除

杂草的生物防除是指利用杂草的天敌——昆虫、病原微生物、病毒和线虫等来防治杂草。在理论上，它主要依据生物地理学、种群生态学、群落生态学的原理，在明确了天敌—寄主—环境三者关系的基础上，对目标杂草进行调节控制。其特点是对环境和作物安全、控制效果持久、防治成本低廉等，是控制或延缓杂草抗药性的有效措施。1902年，美国从墨西哥等地引进天敌昆虫防除恶性杂草马缨丹（*Lantana camara*）并取得了成功，开创了杂草生物防治的先例，随后澳大利亚利用粉苞苣柄锈菌（*Puccinia chondrillina*）防治麦田杂草灯心草（*Juncus effusus*）、粉苞苣（*Chondrillina juncea*）成为国际上首个利用病原微生物防治杂草的成功例证。近年来，一些国家和地区对一些危害大而又难以用其他手段防除的恶性杂草都先后采取了生物防治措施，并取得了显著成效。

天然除草剂是利用自然界中含有杀草活性的天然化合物开发而成的，它和天然的杀虫剂和杀菌剂一样，不易使有害生物产生抗药性，而且对环境、作物安全，开发费用低，发展潜力大。近年来已发现很多的天然除草化合物，并研制出一些由天然除草化合物开发的天然或拟天然除草剂。例如最早发现的具有杀草活性的醌类化合物胡桃醌（juglone），其活性很高，在lmol/L浓度下即可明显抑制核桃园中多种杂草的生长；德国赫斯特公司人工合成了一种拟天然有机磷除草剂草铵膦；防治稻田稗草的天然除草剂去草酮（methoxyphenone）等。天然除草剂的使用可减少化学除草剂的用量，从而可减慢抗药性杂草的形成。

7. 除草剂抗性作物的利用

由于生物技术的迅速发展，在抗药性杂草的管理中，除了采用上述措施外，近年来还应用育种、生物技术、遗传工程等方面的技术把除草剂抗性基因导入作物的研究，并已取得了一定的成就。目前已经育出耐草甘膦的大豆、玉米、棉花、油菜等作物，几种抗百草枯、杀草强的观赏性作物和禾谷类作物品种已经登记，这些抗除草剂品种作物在生产中的应用，将改变传统的杂草防除观念，并对杂草科学产生深远的影响。总之，抗药性杂草，尤其是以相同或不同的抗性机制对作用机制相同或作用机制完全不同的除草剂产生交互抗性和多抗性的杂草，向当今过分依赖化学除草剂的杂草治理方式提出了严峻挑战，给杂草的有效治理和现代农业生产造成了巨大威胁。从全球绝大多数抗药性杂草生物型分布在除草剂应用水平较高的发达国家的事实可以看出，虽然除草剂的抗性风险不同，但长期大量广泛使用化学除草剂，选择压的长期存在是杂草产生抗药性的关键。现阶段我国农田杂草治理仍以化学除草为主，且处于快速发展阶段。我国正式报道的抗药性杂草种类不多，可能是除草剂混剂应用占有较大比例，一定程度地延缓了杂草抗药性发展。但是我们不能不意识到，相对滞后的杂草科学研究也一定程度地掩盖了我国杂草抗药性的真实现状。因此，必须关注我国杂草抗药性的发展，加强抗药性杂草的快速检测和抗药性机制研究，尤其应关注多位点突变引起的杂草抗药性研究。必须汲取他人的经验教训，在杂草治理中充分发挥农艺措施、生态调控等措施的作用，科学合理地应用除草剂，延缓杂草抗药性的发生，延长除草剂的使用寿命，以保障杂草的有效治理和农业可持续发展。

8.合理选择药剂

掌握各种病虫害发病症状，选择合适的药剂进行防治。药害、肥害、缺素症多数情况下整块地普遍发生，不像病害一样有"病菌"造成的发病中心，也不像不良气候影响一样，整个地区同时出现相同问题。

三、混用药剂

农药混用是指将两种或两种以上的农药混配在一起施用，其伴随着农药的发展而发展。为农药混用而制备出含两种或两种以上有效成分的农药制剂称为农药混剂。农药混剂有两类，最常见的一类是在工厂里将各种有效成分和各种助剂、添加剂等按一定比例混配在一起加工，成某种剂型直接施用；另一类是在工厂里将各种有效成分分别加工成适宜的剂型，在施药现场根据标签说明按照一定比例混配在一起后立即施用，有时又称为桶混制剂，也称罐混制剂或现混现用制剂，该类制剂有明确的适用作物和防治对象。科学的农药混合制剂具有提高药效、扩大防治对象范围、降低谜性、降低成本等优点。

（一）农药混用的目的和原则

我国农药混剂的迅速发展，究其原因，主要在以下方面：一是进入20世纪80年代后害虫抗药性的出现已引起人们的高度重视，借助于北美、日本等国农药的混用及混剂研究的成功先例，为给老品种寻找出路，使新合成的农药延长寿命，混剂的研究开始着手进行；二是农药混用是农药科学使用的原则之一，合理的混用可以扩大防治谱，提高防治效果，降低防治成本，延缓或减轻抗药性的产生和发展；三是对从事农药研究的人员来说，从混剂的配方筛选到田间试验，只需1~2年的时间，研发费用低而效益显著，可以很快取得成果；四是开发新农药需要大量的资金而且时间很长，对于我国的农药生产企业而言，多是一些中小企业，不具备开发新农药的能力，但是，混剂的生产具有工艺简单、投资少、见效快的特点，可以很快取得经济效益，符合我国目前的实际情况；五是使用混剂可以减少农药的使用次数，减少在田间的使用量，因而减少在作物和环境中的残留，有利于生态环境的保护。

对于农药是否可以混用或混配的问题，主要有两种截然相反的观点：一种观点认为根本不应混配，否则将造成防治对象多抗性的产生；另一种观点认为可以混用，而且列举事实说明混剂比其单剂效果好而且可延缓抗性的产生，因而主张推广混剂。总的观点是，农药的混用是使用农药的方法之一，完全禁止使用混剂是不现实的，也是不可能的。因此，应对农药的混配、作用机制及抗药性产生等问题进行深入的研究和严格的试验。农药的混用或混配必须遵守一定原则。

1. 农药单剂的准确选择

（1）国家允许在作物上使用的农药产品。

（2）选择对防治对象毒力强的药剂。

（3）避免选择促进害虫种群增长的药剂。

（4）注意药剂的理化性质和环境对药效的影响。

2. 农药的混用要一药多治，克服抗药性

一药多治、克服抗药性是农药混用的特点，在明确农药混用的主要目的后，要兼顾到混剂的这一特点。事实上，田间发生的有害生物是一个总体，它们相互制约，共存于一个统一体中，但它们对外来的化合物农药的反应是不一样的，有的敏感，有的有抗性，有的抗性一般，有的较强，甚至很强；抗性强的可能是优势种，也可能不是。研制农药混用或混剂时，既要考虑扩大防治谱，也要注意到虽不是优势种但是抗药性较强的种群，否则在进行药剂对有害生物的种间筛选时会导致种群的演替。既要考虑到优势种群的抗药性，也要顾及同时发生的其他有害生物。这是一个事物的两个方面，侧重可以不同，但必须兼顾。

3. 农药的混用不能降低药效

农药混用会表现出相加作用、增效作用和拮抗作用3种截然不同的结果。相加作用又分为相似联合作用和独立联合作用。相似联合作用为两种或两种以上作用机制相同的农药混用，有害生物对它们的抗性机制也是一样的，所以一种农药的量被适量的另一种农药取代后，仍可获得同样的效果。用这样的混用农药来防治有害生物，有害生物会对参与混用的农药同时产生抗药性，对其他同类药剂也会有交叉抗性，这样的混剂是不可取的。独立联合作用为两种或两种以上作用机制不同的农药混用，各自独立作用于不同的生理部位而不相互干扰，因为是各自独立作用于不同的生理部位，所以减少一种药剂的用量不能被另一种农药所取代。然而长期单一地使用这种农药混剂来防治有害生物，有害生物会对参与混剂的各单剂均产生抗药性，其后果是产生多抗性混剂农药中各单剂在有害生物体内相互影响，如产生的药效超越了各自单独使用时的药效总和为增效作用。但是如果相互影响的结果是混剂农药所产生的药效低于各单剂的总和，则为拮抗作用。农药混用不是想当然地将不同农药掺和在一起。不管以何种目的混合使用农药，如产生了拮抗作用，那都是不合格的。如是为了延缓或克服抗药性，混配农药必须有增效作用，对同时发生的其他有害生物也要有相加作用；如是为了扩大防治对象，或是各单剂独立作用于不同的防治对象，那么对最难防治的对象最好有增效作用，对其他防治对象有相加作用。要注意对各防治对象均衡的药效，以免发生某些有害生物，甚至是处于劣势的有害生物的再生猖獗。

4. 农药的混用不能产生药害

使用农药的目的不仅仅是有效地杀死有害生物，更重要的是确保农作物丰产。农药混剂或混用在具有良好保产作用的同时，必须对作物绝对安全，不对当茬作物产生各种程度的药害，还必须对下茬作物不产生药害。

5. 既不伤害天敌，也不能增加对人、畜的毒性

田间天敌能同时控制多种有害生物，农药混剂或混用如大量杀伤天敌且又不能有效地控制某种有害生物，既滋生了该有害生物同时也失去了天敌的控制作用，这样的农药混剂或混用是不可取的。必须注意，农药混剂对天敌的毒性尽可能不大于对有害生物的毒性。凡是农药混用后毒性增加或是低毒农药与高毒或极毒农药混用而成为高毒或极毒农药的，都不应该认为是好的混配组合。应本着对混剂生产者和使用者负责的态度来研制农药混剂。另外，还应注意农药对家禽、有益昆虫（如家蚕、蜜蜂）等的毒性。

6. 农药的混用不能增加成本

随着农业产业结构调整的不断深入，农作物种植面积不断地增加，农作物生产成为当地老百姓获得经济收入的主要途径。当一种较好的农药混剂成本太高时，农户会选择虽然较差但便宜的其他药剂，或是放宽防治标准，使农作物造成不必要的损失。总之，要用科学的方法有目的地研制农药混剂以使其产生良好的社会效益、经济效益和生态效益，更好地为农业增产丰收服务。

（二）药混剂的应用

1. 杀虫剂混剂

农药的混合使用一直是伴随着农药的发展而发展的。科学的混合制剂具有提高药效、扩大防治对象范围、降低毒性、降低成本等优点。发达国家在品种上均采取单剂与混剂并重的方针，有些国家在单个化合物成为商品农药的同时就推出了相应的混剂，农药混剂在中国、日本、美国、英国等国家得到了广泛的应用。

杀虫剂混剂延缓害虫抗药性的理论依据在于多向进攻策略：一是因为混剂的作用是多位点的，如果有害生物对混剂中各成分的抗性基因相互独立且初始点很低，害虫对两种药剂的抗性遗传均为功能隐性的单基因控制，那么具有两种抗性基因的个体的频率将是极低的；二是混剂中各成分相互增效，相对减少了各成分

的用量，降低田间选择压；三是混剂对害虫的抗药性选择是两个或多个方向的，避免了单一方向选择，因而可大大延缓害虫抗药性的发展。

美国一些学者、例如Curtis、Nanni和Roush等通过理论模型研究提出了混剂延缓害虫抗药性的条件：一是抗性基因的初始频率较低；二是各成分的残效期一致；三是混剂能杀死接近95%的敏感纯合子，足以使抗性基因表现为隐性；四是害虫对各成分的抗药性是独立的，抗性基因间不存在紧密的连锁；五是选择尽可能在交配后进行。然而，这些模型的假设条件与田间的实际情况仍相差甚远，在害虫的遗传背景尚不明确的情况下，这些结果只能提供一个宏观的参考。一种混剂能否延缓抗药性，还必须依靠室内和田间的试验结果。目前，从有关杀虫剂混剂对抗药性发展速度的影响看，还找不出什么规律性。现有的室内外抗性汰选试验结果归纳如下。

（1）多数相同类型的两种药剂组成的混剂没有明显的延缓抗药性的作用。甲基对硫磷和辛硫磷及其混剂对棉铃虫的抗药性汰选（慕立义等，1995）、HD-1和HB-133（生物杀虫剂Bt的两个菌株）及其混剂对印度谷螟的抗药性汰选（Tabashniket al.，1994），以及敌百虫和马拉硫磷及其混剂对淡色库蚊的抗药性汰选（刘润玺等，1995）研究结果表明，混剂的使用寿命是单剂的0.93~1.58倍，是组成其两种单剂使用寿命之和的0.47~0.71倍。相同类型的两种单剂组成的混剂一般没有明显的延缓抗药性的作用，这一点与理论模型的结论是一致的。

（2）作用机制相近而类型不同的两种单剂组成的混剂不一定都没有延缓抗药性的作用。二嗪磷和甲萘威及其混剂对黑尾叶蝉的抗药性汰选（坪井召正，1977）、氟氯氰菊酯和硫丹及其混剂对棉铃虫的抗药性汰选（刘润玺等，1996）的结果表明，氟氯氰菊酯和硫丹所组成的混剂的使用寿命分别是菊酯和硫丹的1.57倍和1.35倍，是两种单剂使用寿命之和的0.73倍，无明显延缓抗药性的作用。二嗪磷和甲萘威所组成的混剂的使用寿命分别是二嗪磷和甲萘威的10倍和1倍，是两种单剂使用寿命之和的2.86倍。该混剂具有明显延缓抗药性的作用。

（3）作用机制不同的两种药剂组成的混剂不一定都能延缓抗药性发展。有机磷的作用靶标是乙酰胆碱酯酶，而有机氯的作用靶标是轴突部位的钠通道，两者的作用机制有明显差别。然而，刘润玺等研究了喹硫磷、硫丹及其混剂对棉铃虫的抗药性汰选试验，结果表明喹硫磷和硫丹所组成的混剂的使用寿命分别是喹硫磷和硫丹的1.39倍和1.33倍，是两种单剂使用寿命之和的0.68倍，并无明显延缓抗药性的作用。

（4）多数拟除虫菊酯与有机磷组成的混剂具有较好的延缓抗药性的作用。魏岑等（1989）的研究表明有机磷和拟除虫菊酯组成的二元混剂大多数具有显著的增效作用，在筛选的32个混剂中，共毒系数超过130的占84%，超过200的占48%。氰戊菊酯和甲基对硫磷及其混剂对亚洲玉米螟。氰戊菊酯和氧化乐果及其混剂对棉蚜（慕立义等，1988）；氰戊菊酯和杀螟松及其混剂对桃蚜；氰戊菊酯和马拉硫磷及其混剂对棉铃虫和菜缢管蚜；氰戊菊酯和辛硫磷及其混剂、氰戊菊酯和乐果及其混剂对桃蚜；氰戊菊酯和辛硫磷及其混剂对家蝇；三氟氯氰菊酯和辛硫磷及其混剂、三氟氯氰菊酯和甲基对硫磷及其混剂、氟氯氰菊酯和喹硫磷及其混剂对棉铃虫等抗药性筛选试验结果表明，混剂的使用寿命是菊酯单剂的1.85~21.92倍，是有机磷单剂的1.64~38.14倍，是两种单剂使用寿命之和的1.10~13.93倍，具有明显的延缓抗药性的作用。在另一些试验中，虽然混剂的使用寿命小于两种单剂的使用寿命之和，但仍为菊酯单剂使用寿命的2.93~5.66倍。这一类型混剂具有明显的延缓抗药性的作用，特别是对拟除虫菊酯类药剂延缓抗药性的作用更为明显。

（5）三元混剂对抗药性发展的影响。三氟氯氰菊酯、甲基对硫磷和辛硫磷及三者组成的混剂对棉铃虫的抗药性汰选试验表明，该混剂的使用寿命为单剂的1.91~2.00倍，为三种单剂使用寿命之和的0.65倍，延缓抗药性的作用不显著；三氟氯氰菊酯、甲基对硫磷和灭多威组成的混剂（魏岑等，1996）以及氟氯氰菊酯、硫丹和喹硫磷组成的混剂（Tabashinik et al.，1994）对棉铃虫的抗药性汰选试验表明，混剂的使用寿命分别是单剂的2.78~7.38倍，为三种单剂使用寿命之和的1.22~1.40倍，具有明显的延缓抗药性的作用。张文吉等（1995）用不同比例的溴氰菊酯和辛硫磷组成的混剂对家蝇进行的抗药性汰选研究表明，害虫对组成混剂各单剂的抗药性发展可能与它们在混剂中所占的比例有关。

因农药混剂延缓抗药性的田间试验难度极大，该方面的研究很少。Asquith（1961）进行了三种药剂的单剂和混剂防治苹果红蜘蛛和二点叶螨的田间试验，结果发现三氯杀螨砜在使用5次后，防治效果由82%下降到29%；三氯杀螨醇在使用5次后，防治效果由95%下降到65%；乐果在使用3次后，防治效果由93%下降到80%。乐果+三氯杀螨砜的混剂在使用4次后，防治效果由91%变为92%；三氯杀螨醇+三氯杀螨砜的混剂在使用5次后，防治效果由93%变为95%；三氯杀螨醇+乐果的混剂在使用4次后，防治效果由96%下降到89%。从这些数据可以看出，使用3年后，3种单剂的防治效果有不同程度的下降，其中三氯杀螨砜下降最快，1960年的防治效果仅为29%。与此相反，使用混剂防治的3个治理区的防治效果仍然良好，其中以三氯杀螨醇+三氯杀螨砜的效果最佳，3年的防治效果均在90%以上，无下降趋势，从进化史看，昆虫适应环境的能力很强，开发绝对不产生抗性的杀虫剂几乎不可能。但是，深入了解抗性的本质，积极探索克服抗性的办法，防止抗性基因在群体中的扩散，可以延缓抗性的发展。混剂不仅能提高某些抗性害虫的防治效果，而且具有延缓抗性发展的作用，目前已成为防治抗性害虫的重要剂型之一。

2. 杀菌剂混剂

过去40多年来，对防治农作物病害具较高活性同时对有益生物具较低毒性的药剂的探索，导致了作用于真菌细胞生理中专一位点的现代杀菌剂的开发成功，这些杀菌剂与传统多位点抑制剂（如无机杀菌剂）或功能的位点抑制剂（如五氯酚）的非选择性杀菌剂不同。由于现代杀菌剂仅对有效范围的病害有效，且有效的施用时间也是有限的，所以将其与其他杀菌剂混用对同时防治两种或多种并存的病害、同时防治各侵染阶段的病害是不可避免的。因此，杀菌剂单剂的用量一直在减少，而杀菌剂混剂的用量却一直在逐渐增加。杀菌剂混用后常常伴随着其生物学作用的改变，合理的混用实际上就是选择其有益的生物学变化以期收到单一制剂难以达到的防治效果，达到更好的防治病害的目的。

（1）利用杀菌剂混剂防治农作物并发性病害。例如防治稻瘟病和稻纹枯病所用的杀菌剂混剂有克瘟散+戊菌隆、春雷霉素+稻纹散、四氯苯酚+氟酰胺等；在麦类种植上，用谷种定+灭锈胺或谷种定+甲基立枯磷，可对各种真菌如镰孢属、腐霉属、核盘菌属和核壶菌属引起的小麦、大麦、黑麦和燕麦的雪腐病和根腐病进行多重防治。国内研制的福美双与萎锈灵混用可有效地防治黑曲毒、立枯丝核菌、镰孢霉属的为害，以20g/kg种子剂量拌种，可防治大麦条纹、散黑穗病和玉米黑穗病。在蔬菜和果树上也经常使用混剂，例如苯并咪唑类杀菌剂与克菌丹、百菌清、代森猛或福美双混剂，以及苯胺类杀菌剂与代森锰锌和含铜类杀菌剂等混剂。此外，现代集约农业的发展引发了新的植物病害。一个典型的例子是稻苗绵腐病，它是由在苗床上生长的水稻秧苗上的各种致病菌如镰孢霉属、腐霉属、木霉属和丝核菌属等引起的症状或病害综合征。为了防治这一病害综合征，根据致病菌特性，将杀菌剂混用必不可少，应用的混剂有噁霉灵+甲霜灵、苯菌灵+百菌清、春雷霉素+磺菌威。

（2）利用混剂防治不同生育阶段的病害。由于现代选择性杀菌剂通常在靶标病害的特定侵染阶段起作用，所以只有在最适时间施用才有效。在水稻稻瘟病防治剂中，黑色素生物合成抑制剂如四氯苯酚、三环唑、咯喹酮等通过抑制附着于寄主植物表面上的附着胞细胞壁中的黑色素生物合成，从而降低附着胞的物理刚性，抑制病菌侵入寄主植物中。因此，这些杀菌剂仅在病菌侵入前是有效的，即它们的作用是预防性的，而蛋白质生物合成抑制剂（如春雷霉素）和磷脂生物合成抑制剂（如克瘟散、异稻瘟净和稻瘟灵）抑制病菌侵入寄主后生长的最活跃阶段的病菌细胞必不可少的组成部分的产生。在水稻稻瘟病田间发病情况下，在同一田间同一时间经常会观察到病害发生的各阶段，此时采用黑色素生物合成抑制剂与蛋白质或磷脂生物合成抑制剂的混用，例如四氟苯酞+春雷霉素、四氟苯酞+克瘟散和咯喹酮+稻瘟灵等，是十分有效的；繁殖抑制剂如苯并咪唑杀菌剂在真菌繁殖阶段的防效最高，晚期起作用的杀菌剂与预防杀菌剂混用，对拓宽施用最佳适期是有益的，并可通过作用方式的多样化增加防效。多菌灵+代森锰+硫黄组成的三元混剂是一种用于防治禾谷类和油菜病害的广谱杀菌剂；国内生产的80%代森混剂对蚕豆赤斑病、轮斑病均有较好的防病保叶效果。

（3）利用杀菌剂混剂延缓病菌对杀菌剂抗性的发展。苯并咪唑类杀菌剂是一类易产生抗性的杀菌剂。蔬菜、果树和其他作物上的许多真菌都对其产生了抗性。为了克服其对苯并咪唑类杀菌剂的抗性，可使用多菌灵与百菌清、代森锰锌或含铜类混剂。氯啶菌酯是沈阳化工研究院自主研发的甲氧基丙烯酸酯类杀菌剂，具有杀菌谱广、活性高、对非靶标及环境相容性好、持效期长、对作物安全以及兼具预防和治疗双重活性等特点，但因甲氧基丙烯酸酯类杀菌剂作用位点单一，国际杀菌剂抗性行动委员会将其抗性发展归类为"高风险"。基于此，向礼波等（2014）开展了其与其他杀菌剂复配的研究以扩大杀菌谱，延缓抗性和降低成本，结果发现氯啶菌酯和戊唑醇质量比为8∶1的混合物对抑制稻瘟菌菌丝的生长表现出明显增效作用。田间试验表明，这两种药剂混用在第2次施药后对稻瘟病的防治效果显著高于单剂和对照药剂——三环唑，防效达到81.54%，且对水稻作物安全。

3. 除草剂混剂

除草剂混剂的首要作用是扩大杀草范围，节省劳动力。利用除草剂混剂对杂草的增效作用，可提高杀草效果和对作物的拮抗作用，提高对作物的安全性，扩大施药适期，降低药剂残留，减少用药，节省药费。除草剂混剂在防治抗性杂草方面也起到重要作用。

（1）扩大杀草谱。各种除草剂之间的化学组成、结构及其理化性质都是有区别的，因此它们的杀草能力及范围也不一样。苯氧羧酸类除草剂杀双子叶杂草效果突出，氨基甲酸酯类和酰类除草剂对单子叶杂草毒力高。同类药剂中，其杀草能力及范围也不完全一样，例如2,4-滴和2,4,5-涕都是苯氧羧酸类除草剂，前者只能防除一年生阔叶草，而后者还能防除木本杂草。从目前现有的除草剂来说，只用一种除草剂还是不能防除田间所有杂草而不伤害作物的，如果利用除草剂间的复配混用，就可以做到扩大杀草谱、消灭所有杂草的目的而又保证作物的安全。还有的除草剂杀草谱很窄，但有独到之处，能根除其他除草剂难以防除的杂草，例如杀草隆对莎草科杂草尤其是多年生莎草科杂草防效优异，但对禾本科杂草活性不高，也不能防除阔叶杂草。在各类杂草丛生的稻田里，只施杀草隆显然不能收到理想的除草效果，但杀草隆和除草醚混合使用，在稻田里既能防除各种一年生杂草，又能防除多年生莎草科杂草。目前农业上推广的除草剂混剂几乎都有扩大杀草谱的作用，而且有许多混剂能防除某些作物田间几乎所有杂草且对作物安全，实现了只用一种除草剂难以达到的灭草增产效果。

（2）延长施药适期。某些除草剂复配混用与组成它们的单剂比，有延长施药适期的作用。例如杀草丹—西草净混剂施药期可以延长至插秧后6~15d，除稗效果相当好；丁草胺和甲氧除草醚混用不但能增效，还能杀死2~3叶龄的稗草，与各自单用相比，延长了施药适期。

（3）降低在作物和土壤中的残留。有的除草剂在常用剂量下残效期太长，会影响下茬作物种植，这个问题可以通过除草剂之间的混用来解决。例如阿特拉津是用于玉米的优良除草剂，对玉米十分安全，对萌芽过程中的大多数杂草杀灭效果很好，但它的残留活性很长，每公顷用12kg处理玉米地，下茬不能播种对阿特拉津十分敏感的作物。然而，甲草胺与阿特拉津混用的增效作用明显，在保证除草效果的前提下可大大降低阿特拉津的用量，从而缩短阿特拉津的残留时间。

（4）降低药害，提高对作物的安全性。有些除草剂在作物和杂草间选择性较差，稍不注意就可能产生药害；有的除草剂与其他除草剂混用可以提高它们在作物和杂草间的选择性，提高对作物的安全性。例如嗪草酮是大豆苗前除草剂，水溶性较大，易被豆苗吸收，土壤pH值较高的沙性土壤易出现药害，而氟乐灵和嗪草酮混用，在增加除草效果的同时，对大豆表现出拮抗作用。两种或多种除草剂混配在一起之后，对杂草表现出增效作用的同时，对作物表现出拮抗作用；或对杂草表现出相加作用，对作物表现出拮抗作用；或对杂草的增效作用大于对作物的增毒作用，从而提高药剂在作物和杂草间的选择性，降低药害，提高对作物的安全性。

（5）增效作用。许多除草剂混用具有增效作用，其中大多数是由不同类型除草剂组成的，同一类型的除草剂混用也具有增效作用，这在降低成本、减少投入、提高选择性、增加对作物安全性方面很有意义。此外，除草剂混用在提高对气候条件的适应性、增进对不同类型土壤的适应性等方面亦具有作用。

由于除草剂类别众多，品种间性质和功能各异，如何混合才能增效，前人做了许多很有成效的研究并获得喜人的应用成果。例如以均三氮苯类除草剂为核心的除草剂混剂或混用如均三氮苯类与苯氧羧酸类、脲类、醚类、氨基甲酸酯类、酰胺类、有机磷类、杂环类或苯甲酸类除草剂混配均具有增效作用；以苯氧羧酸类除草剂为核心的除草剂混剂或混用如苯氧羧酸类与脲类、苯甲酸类、氨基甲酸酯类、醚类、酰胺类、杂环类、腈类或有机磷类除草剂混配均具有增效作用；以氨基甲酸酯类除草剂为核心的除草剂与脲类、酰胺类、苯胺类、杂环类、醚类、有机磷类、苯甲酸类等除草剂混用均具有增效作用；以醚类为核心的除草剂与脲类、酰胺类、有机磷类、杂环类、苯胺类、苯基羧酸类等除草剂混配均具有增效作用；酰胺类与杂环类除草剂混用、苯胺类与醚类除草剂混用、酰胺类（异丙甲草胺、乙草胺等）与磺酰脲类（苄嘧磺隆、甲磺隆等）除草剂混配以及杂环类和腈类除草剂混配均具有增效作用。此外，均三氮苯类除草剂之间、脲类除草剂之间、氨基甲酸酯类除草剂之间、有机磷类除草剂之间、杂环类除草剂之间的同类除草剂按科学配比进行混配均具有不同程度的增效作用。

（三）小结

从混剂延缓抗药性的研究概况来看，目前混剂的研制还存在不少问题。混剂的研制必须考虑对有害生物抗药性发展的影响。在混配药剂的选择上，除了考虑将不同作用机制的药剂混合使用这一基本原则外，还必须进行严格的试验研究，例如在昆虫毒理学理论指导下的室内毒力筛选测试、理想的助剂选择试验、混剂的急性毒性测试、分析方法研究、整体配方研究、多种害虫的大田药效试验以及混剂与单剂相比能否延缓主要防治目标抗药性的室内生物汰选研究等。在这些研究基础上研制的混剂才能起到降低田间选择压、延缓抗药性发展的作用。根据有关模型得出的理论结果虽与实际情况有差距，但对实践仍有一定的参考价值，一种混剂能否延缓抗药性，最可靠的是室内和田间的试验结果，而不仅仅是模型的估计。不同作用机制的药剂混配不一定都能够延缓抗药性，而作用机制相似的药剂混前也未必都不能延缓抗药性。有机磷与拟除虫菊酯组成的增效混剂延缓抗药性的作用比较显著。增效混剂是如何延缓有害生物抗药性的？这个问题具有非常重要的理论和实践意义。就目前的研究状况分析，对增效机制的研究较多，但对延缓抗药性机理方面的研究薄弱，需要加强以便对混剂的研制和应用起到更好的指导作用。

四、施药方式

老式施药器械损耗高、防治效果差。除更换新型、高效施药器械外，针对喷药雾滴大、流失率高的情况，建议及时更换喷头垫片，并根据不同的生长期、冠层情况摸索适合的喷药行进速度，避免药剂流失过大，达到更好的喷药效果。近年来，无人机施药技术越来越多地被用在玉米、水稻等大宗作物上，以其高效率、低成本的特点广受欢迎，特别是对玉米等高秆作物生长后期的施药解决了人工施药困难和中毒事件易发生的难题。施药人员田间作业时要做好防护，戴好口罩、手套等；农药配制选择专用器具量取和搅拌，避免直接用手取药和搅拌农药；避免高温作业，夏季高温季节喷施农药，可在无雨及3级风以下的10时前或无露水的17时后进行。

农药施药方法按农药的剂型和喷撒方式可分为喷雾法、喷粉法、种子和种苗处理、土壤处理、熏蒸处理、撒施及毒饵法等。由于耕作制度的演变，农药新剂型、新药械的不断出现，以及人们环境意识的不断提高，施药方法还在继续发展。合理使用农药不仅可以减少其抗药性的产生，延长每种农药的使用寿命，还可减少药剂对环境的污染和在食品中的残留。但农药施药方法多种多样，并且又受到各种条件限制影响。内在影响条件包括药剂本身的性质、剂型的种类以及药械的性能等，外在影响条件更为复杂，而且往往具有可变性，诸如不同作物种类、不同发育阶段、不同土壤性质、施药前后的气候条件等。这些条件对施药质量和效果既可能产生有利作用，也可能产生不利作用，甚至是副作用。因此对农药的科学使用并非易事。

农药科学使用必须熟知靶标生物和非靶标生物的生物学规律，发生、发展特点；了解农药诸多方面特性，如理化性质、生物活性、作用方式、有效防治对象等；掌握农药剂型及制剂特点，以确定施药方法；对施药机械工作原理应有所了解，以利于操作和提高施药质量；并需理解当农药喷洒出去后它的运动行为，达到靶标后的演变与自然环境条件的关系等。总之，农药的科学使用是建立在对农药特性、剂型特点、防治对象的生物学特性以及环境条件的全面了解和科学分析的基础上进行的。

（一）喷雾法

农药最普遍的应用方式是喷雾法。携带农药的雾滴覆盖于全部或部分的靶标（如昆虫、叶子或植物其他部分），喷施区域内雾滴会在非靶标区域流失，包括土壤或其他非靶标植物表面。风的存在会导致喷雾雾滴的飘移，喷雾雾滴的分布受植物结构和喷施农药设备的影响。因此要想发挥农药的最大价值，须综合考虑各方面的因素。对一个实际的喷施目标而言，既要考虑用药时间，也要考虑用药部位，同时也要考虑喷出的药液达到施药目标上的比例，以及适用病虫害大发生时的剂型。对于一个施药目标，还应具备其病虫害的生态学知识，以便确定在哪一生长阶段施药最为有效。

1. 作物靶标对喷雾的影响

农药对靶标生物防治的效果受喷雾质量影响，雾滴大小是喷雾技术中最重要的参数之一。植保机械的作业质量、喷雾效果的好坏与雾滴尺寸大小、雾滴的飘移和沉降速度等因素有着密切关系，而这些因素都受作物靶标的影响。不同的作物其叶片面积有大小之分，叶片性状、吸水性有所不同，对喷雾的容量也有不同的需求。

目前国内外对植保喷雾技术的研究越来越细。喷雾技术受喷雾机具、作物种类和覆盖密度等因素的影响，喷雾时通常单位面积上用药液量差异甚大，按单位面积上药液用量的多少，一般划分为5个不同容量的喷雾等级，即高容量喷雾（high volume，HV）、中容量喷雾（medium volume，MV）、低容量喷雾（low volume，LV）、很低容量喷雾（very low volume，VLV）、超低容量喷雾（ultra low volume，ULV），但各国喷雾容量等级范围不尽相同。国际上把每公顷施药量为≥600kg、150～600kg、15～150kg、5～15kg和≤5kg，分别称为HV、MV、LV、VLV和ULV。根据我国国情及习惯中国农业科学院植物保护研究所把每亩喷洒药液量为≥50kg、30～50kg、10～30kg、0.5～10kg和≤0.5kg，分别称HV、MV、LV、VLV和ULV。不同容量喷雾都必须喷出与之相适应的不同大小的雾滴，否则就达不到对生物靶标的有效覆盖。药液雾滴在作物及有害生物靶标上的沉积和分布状况可用沉积量（单位面积内药液沉积的重量，g/cm^2）和覆盖密度（单位面积内药液沉积的数量，粒$/cm^2$）来表达。如用氧化乐果防治麦蚜时，雾滴的沉积量和覆盖密度与蚜虫防治的相关性显著，沉积量和覆盖密度越大，防治效果越好，而雾滴的沉积量和覆盖密度也与靶标作物的性状息息相关。雾滴直径大，附着性能好，但作物叶面吸水性差，造成分布不均匀，大多的雾滴滚落到土壤中，喷雾效果不佳。雾滴直径小，作物叶面吸水性好，农药则可在作物表面得到很好的沉降和覆盖，并在作物丛中有较好的穿透性，防治效果好。

2. 有害生物靶标对喷雾的影响

不同的有害生物靶标对不同类型雾滴的生物学效应应当有所区别，雾滴的大小既能影响农药的使用效率，又能影响农药对环境造成的污染程度。喷洒雾滴的类型一般按其大小来分类（表3-1）。气雾剂主要用于飘移喷雾防治飞迁害虫，使用很低容量（VLV）和超低容量（ULV）进行叶面喷洒时，气雾剂和弥雾剂是两个理想的剂型。实际使用表明，防治农业害虫采用雾滴体积中径（VMD）为60～90μm的雾滴为最佳，防治森林害虫则采用VMD为20～60μm的雾滴效果最好，防治爬地害虫则采用VMD为70～120μm的雾滴，防治蝗虫则采用VMD为30～60μm的雾滴。

表3-1 雾滴类型按其大小分类（马修斯，1982）

雾滴的体积中径（μm）	雾滴大小分类	雾滴的体积中径（μm）	雾滴大小分类
<50	气雾滴	201～400	中等雾滴
50～100	弥雾滴	>400	粗雾滴
101～200	细雾滴		

雾滴或粒子从喷头向施药目标的运动中，重力、气象和静电等都会产生影响。在过去，不常考虑单个雾滴的大小，由于大多数喷头产生的雾滴大小范围很大，而当使用高容量喷雾时，会使其在目标上结成一个连续的液膜。为了防治固着的害虫，在减少药液用量的趋势下，只有使用大量小雾滴才能实现有效的覆盖。药液雾滴在有害生物靶标上的沉积直接影响该靶标的防治效果。沉积是雾滴撞击上靶标并被靶标持留的现象，受到目标的大小、形状、方向、表面性质和喷雾雾滴液体性质的影响。因此田间实际应用时应根据不同的作物及有害生物靶标，选择适合的不同容量的喷雾等级以及相对应的雾滴大小，然后根据以上两个指标选择适合的喷雾方式以及喷雾器械。

3.田间小气候因素的影响

喷雾雾滴在空气中的运动受到大量的环境条件包括空气扰动、操作喷雾设备造成的气流改变、基本大气参数（温度、湿度、大气稳定度、风速和风向）、作物冠层附近的微气象学和液滴蒸发的影响。田间施药时必须考虑气象条件，当风速≤2m/s时，适于低量喷雾；当2m/s<风速<4m/s时，适于常量喷雾；当风速≥4m/s时，不允许进行农药喷洒作业；降雨时或当气温超过32℃时不宜进行农药喷洒。

（二）喷粉法

喷粉施药即利用施药器械所产生的气流将农药粉剂吹散后沉积到作物表面的施药方法，曾经在病虫害控制中发挥极其重要的作用。粉剂是最早使用的几个剂型之一，并且也是第一个商品化的剂型。在日本，1950年粉剂的用量占76.1%之多。在我国，喷粉法曾一度是最普遍的施药方法，20世纪80年代，粉剂的生产（包括混合粉剂）占农药制剂总量的2/3之多。近年来，在一些地区推广保护地粉尘法施药，取得的经济效益和社会效益也十分显著。

1.作物靶标对喷粉的影响

喷粉施药对作物靶标要求较高，生长稀疏的露地作物田是不宜采用喷粉法的，但在生长茂密特别是已经封垄的阔叶作物田则有可能取得成功。在这样的作物田里，小生境内的气流相对来说比较平静，因此粉粒的有效沉积率比较高。另外，在大面积连片大田中一定程度上也可以采用喷粉施药防治病虫害，但对气象条件及操作人员的经验和技术熟练程度要求较高。相对于普通喷粉施药，静电喷粉对作物靶标要求相对较低，并且曾在美国、加拿大、日本等国已经取得很大的成绩。试验研究表明，静电喷粉可以有效减少农药的飘散，降低农药对环境的污染。其最主要原因就是静电施药可以提高农药在作物上的沉积密度。沉积模拟试验表明其在目标物上的沉积量较常规喷粉提高80%~90%。

2. 有害生物靶标对喷粉的影响

喷粉施药由于粉尘特有的飘浮效应使得粉剂能有较好的穿透性，使药剂能够在作物叶片背面以及常规喷雾施药不容易到达的隐蔽部位附着，在叶片、地表或虫体外形成药剂保护层，从而有效地防除病虫害。静电喷粉药剂在叶片背面的沉积量要明显优于常规喷粉，对于多数叶部病害及在作物叶片背面取食的害虫会有更好的防治效果。另外，静电喷粉时，植物叶片的尖端及边缘，由于感应电荷密度大，吸附电场强度高，因而相应地附着的粉粒也就多。而植物叶片的边缘往往是最先感病或是被农业害虫取食的部位。这种农药分配方式，使得其有效利用率更显著。

3. 田间小气候因素的影响

在露天喷粉施药，由于上升气流的影响，粉剂很容易随气流而向上空升腾运动，这种状况极易在白天出现，而在傍晚出现大地气温逆增现象时，粉粒的升腾现象才比较小。所以在傍晚进行喷粉施药可以一定程度上避免粉粒飘移所导致的环境污染问题。在保护地喷粉施药时，由于保护地是一种独特的封闭环境，而且根据粉粒的运动行为特性，在喷粉法所规定的施药条件下，即便棚膜有较大面积的破损，粉尘也不会越出棚室，不会造成棚室外部空间的环境污染问题，同时粉尘的优点又得到了有效发挥。在1978年日本还推广过一种专门在温室中使用的粉剂——微粉剂（FD粉剂）。所谓微粉剂就是比普通粉剂更细的制剂，其平均粒径在5μm以下。该制剂施用后微粒呈烟雾状飘移扩散于温室内。同时有研究表明作物上有露水，有利于提高粉剂附着，因此在保护地推荐在早晨或傍晚有露水的时候施药，药剂防治效果更佳。

（三）种子和种苗处理

种子处理是指通过各种人工方法对种子进行加工的过程，是植物病虫害防治中有效且经济的方法。种子处理可以在土壤中形成保护区，将土壤中的病虫害阻挡在保护区外，使其无法到达它们通常侵害的根部而对植物造成为害。一些农药有效成分具有系统内吸性，即随着作物生长被吸收到植物体内，从而从种子种到地里开始就保护植株不受病虫的为害。种子处理目前最常用的方法分为非化学方法和化学方法两大类。非化学方法是使用热力、冷冻、微波和辐射的方式来达到杀菌的目的，而化学方法则利用各种化学有效成分通过浸种、拌种、闷种、包衣等方法实现杀菌防虫的效果。

1. 水稻种子处理

水稻种子携带的水稻恶苗病菌、稻瘟病菌、纹枯病菌、稻曲病菌、白叶枯病菌、胡麻斑病菌和干尖线虫等会给水稻的产量和质量造成重大的影响。用杀菌剂、杀虫剂、植物生长调节剂等药剂对种子进行处理，可有效控制水稻种传病害，并使种子和幼苗免遭土传病害和地下害虫的为害。常用水稻种子处理化学法可分为以下3种。

（1）药剂浸种。10%强氯精晶体500倍液浸种12h，然后捞出用清水洗净催芽播种，可预防恶苗病和稻瘟病等；20%杀螟丹可湿性粉剂1 000倍液浸种12~24h，用清水冲洗干净，再催芽播种，可防治水稻干尖线虫病。

（2）药剂拌种。6.25%精甲霜灵·咯菌腈悬浮种衣剂10mL加水150~200mL拌种，可防治恶苗病；50%福美双可湿性粉剂拌种，可防治稻苗立枯病、稻瘟病、胡麻叶斑病等；5%吡虫啉湿拌种剂拌种可防治稻飞虱、稻蓟马等。

（3）种子包衣处理。50%福美双可湿性粉剂进行种子包衣，可防治稻苗立枯病、稻瘟病、胡麻叶斑病等；22%氟唑菌苯胺悬浮剂进行种子包衣，可防治恶苗病、纹枯病等；35%呋虫胺悬浮种衣剂进行种子包衣，可防治稻飞虱、稻蓟马等。

2. 玉米种子处理

用25%粉锈宁可湿性粉剂按照玉米种子重量的0.4%或者用50%多菌灵可湿性粉剂按照玉米种子重量的0.5%~0.7%拌种，可有效防治玉米丝黑穗病，用2%立克秀湿拌种剂30g拌玉米种子10kg，可防治玉米丝黑穗病。用50%多菌灵1 000倍液浸种24h，可防治玉米干腐病。按照与玉米种子的药剂比1∶30使用种衣剂拌种，可有效防治地下害虫，同时也可有效防治玉米的茎腐病及缺素症。用50%辛硫磷乳油50g，兑水20~40kg，拌玉米种250~500kg，可防治苗期地下害虫。每500g生物钾肥兑水250g，再与玉米种子一起均匀搅拌，最后阴干水分后播种，能够增强玉米抗病害能力。

3. 棉花种子处理

棉苗出土前后，易发生棉立枯病、炭疽病、红腐病和猝倒病等，造成大面积烂种、烂根和弱苗，严重可致棉苗枯死，后期会造成棉花生长和发育迟缓，间接诱发中后期病害的发生，严重影响棉花的产量和品质等。目前，防治方法主要有选用高质量棉种适期播种、深耕冬灌、轮作、温汤浸种、药剂浸种、药剂拌种、苗期喷药等，其中药剂拌种是目前苗期防病虫保苗最经济有效的方法。常用拌种的药剂主要有40%五氯硝基苯可湿性粉剂、95%敌克松可湿性粉剂、20%甲基立枯磷乳油、35%苗病宁可湿性粉剂、60%敌磺钠·五氯硝基苯可湿性粉剂、50%多菌灵可湿性粉剂、50%福美双可湿性粉剂、2.5%咯菌腈悬浮种衣剂、18.6%福美双·乙酰甲胺磷悬浮种衣剂、20%福美双·吡虫啉悬浮种衣剂等。

4. 种薯、种块、种苗处理

生产中为获得高产高质马铃薯，一般选用二级或三级脱毒种薯，用75%的乙醇或0.5%～1.0%的高锰酸钾溶液浸泡切刀5～8min进行消毒，以防切芽块过程中传播病害。切种块后，用药剂拌种可使切块伤口迅速愈合，杀死薯块表面的病菌，促进薯块发芽发根。马铃薯拌种方法可分为干拌法和湿拌法。干拌法即用70%甲基硫菌灵可湿性粉剂10kg+6%春雷霉素可湿性粉剂2.5kg拌入200kg滑石粉，可拌10 000kg薯块。湿拌法为用50%甲基硫菌灵悬浮剂70mL+22%咯菌腈悬浮种衣剂100mL+2%春雷霉素水剂30mL，加水300mL，可喷施处理150kg薯块，喷匀后晾干即可。

（四）土壤处理

将农药用喷雾、喷粉或撒施的方法施于地面，再翻入土层，主要用于防治地下害虫、线虫、土传性病害和土壤中的虫、蛹，也用于内吸剂施药，由根部吸收，传导到作物的地上部分，防治地面上的害虫和病菌。

1. 常用药剂

（1）硫酸亚铁溶液。每平方米用3%的水溶液2L，于播种前7d均匀浇在土壤中。

（2）福尔马林。每平方米用35%～40%福尔马林50mL，加水6～12L，在播种前7d均匀浇在土壤中。

（3）五氯硝基苯。每平方米用2～4g，混拌适量细土，撒于土壤中。

（4）五氯硝基苯+代森锰锌。每平方米用3g，混拌适量细土，撒于土壤中。

（5）硫酸锌。每平方米用2g，混拌适量细土，撒于土壤中，表面覆土。

2. 处理设备

喷雾和喷粉法进行土壤处理直接用施药器械喷施于土壤表面，撒施法进行土壤处理时需拌适量细土后撒施。

3.处理技术与应用

在我国，连作病害广泛存在于蔬菜作物、果树、花卉和粮食作物的生产实践中。土壤处理技术的应用能很好地改善土传病害逐年严重等问题，从而实现土地连年丰产优产。威百亩土壤熏蒸剂具有水溶性、低毒及灭生性，可抑制生物蛋白质、RNA和DNA的合成以及细胞的分裂，并造成生物细胞的呼吸受阻，能有效地阻止土传病害的传播，杀死土壤中残留的线虫及其他害虫，同时可以在一定程度上抑制杂草的生长。使用威百亩消毒的具体做法：在种植下茬作物前16～18d进行消毒，药剂施用前先将田地整好，当温度达15℃以上时开沟，沟深14～25cm，沟距23～33cm，每亩用药剂4～5kg，兑水300～500kg，严重发生地块可用8～10kg。将威百亩药剂均匀撒施在沟内，盖土踏实并覆盖地膜，14d后揭开地膜，揭开地膜后进行土壤深翻透气，深翻2～3d后播种或移栽。利用2.5%敌百虫粉剂2～2.5kg拌细土25kg，撒在青绿肥上，随撒随耕翻，对防治小地老虎很有效。每亩用3%克百威颗粒剂1.5～2kg，在玉米、大豆和甘蔗的根际开沟撒施，能有效防治上述作物上的多种害虫。

土壤处理要因地制宜，土壤性质对药剂影响较大，如沙质土壤容易引起药剂流失，而黏性重或有机质多的土壤对药剂吸附作用强而使有效成分不能被充分利用，土壤酸碱度和某些盐类、重金属往往能使药剂分解等。土壤施药的具体剂型和方法要根据环境因素、作物及害虫生活习性等而定。

（五）熏蒸处理

1.控害原理

熏蒸技术是用熏蒸剂在密闭的场合熏蒸杀死动植物害虫、病原微生物、病媒生物的技术措施。熏蒸剂是指在所要求的温度和压力下能产生使有害生物致死的气体浓度的一种化学物质。这种分子状态的气体，能穿透被熏蒸的物质。熏蒸后通风散气，能扩散出去。总之，熏蒸是熏蒸剂分子的物理和化学作用，不包含呈液态或固态的颗粒，如悬浮在空气中的烟、雾或霭等气雾剂。有些熏蒸剂本身并非是熏蒸剂，而是施用后经过反应而形成熏蒸剂。

2.常用药剂

根据不同的熏蒸对象选择不同类型熏蒸药剂，有的作为杀虫剂，有的作为灭鼠剂，有的作为灭菌剂，有的既可杀虫又可灭菌、灭鼠。常用的熏蒸剂有溴甲烷、硫酰氟、环氧乙烷、磷化铝等。溴甲烷具杀虫、灭菌、灭鼠等多种功能；硫酰氟、磷化铝具杀虫、灭鼠功能；环氧乙烷具灭菌、杀虫功能。

3. 熏蒸设备

（1）密闭系统。熏蒸室内壁不能被熏蒸剂穿透。

（2）循环与排气系统。排气设备应能以每分钟最低排气量相当于熏蒸容积的1/3的速率排气，鼓风机气流速度应使室内的气体几乎每分钟循环一遍。

（3）熏蒸剂的气化系统。熏蒸剂必须以气态进入熏蒸室，溴甲烷进入熏蒸室前需气化，气化器是熏蒸剂气化的装置。

（4）压力渗漏检测及药剂取样设备。常压熏蒸室在密闭期间内必须避免药剂漏出，因此，所有熏蒸室都必须检验，并要进行压力渗漏试验。

4. 熏蒸技术与应用

熏蒸必须在能控制的场所如船舱、仓库、资料库、集装箱、帐幕以及能密闭的各种容器内进行，是杀虫、灭菌、灭鼠的一种方法。对害虫来说，潜伏在植物体内或建筑物的缝隙中，杀虫剂一般很难对它们发挥毒杀作用，但熏蒸却能杀死它们。例如用溴甲烷熏蒸粮食、棉籽、蚕豆等，冬季每1 000m³实仓用药量为30kg，熏蒸3d时间。夏季熏蒸用药量可少些，时间也可以短些。此外在大田也可以采用熏蒸法，如用敌敌畏制成毒杀棒施放在棉株枝杈上，可以熏杀棉铃期的一些害虫。

熏蒸消毒省时，一次可处理大量物体，远比喷雾、喷粉、药剂浸渍等快得多。货物集中处理，药费和人工都较节省。熏蒸通风散气后，熏蒸剂的气体容易逸出，不像一般杀虫剂残留问题严重。因此，熏蒸技术不仅仅用于病虫害防治，也被广泛地应用于检疫中处理各种害虫与病媒生物，进口废旧物品消毒。同时也常被用于防治仓储害虫、原木上的蛀干害虫，商品保护，以及文史档案、工艺美术品的处理等重要场合。

参考文献

陈明丽，2008. 辽宁省稻瘟病菌对烯肟菌酯的抗药性及其分子机制研究[D]. 沈阳：沈阳农业大学.

杜家纬，2001. 植物—昆虫间的化学通讯及其行为控制[J]. 植物生理学报，27（3）：193-200.

高希武，2012. 害虫抗药性分子机制与治理策略[M]. 北京：科学出版社.

韩庆莉，沈嘉祥，2004. 杂草抗药性的形成、作用机理研究进展[J]. 云南农业大学学报，19（5）：556-560.

韩熹莱，1995. 农药概论[M]. 北京：北京农业大学出版社.

黄建中，1995. 农田杂草抗药性[M]. 北京：中国农业出版社.

贾卫东，李萍萍，邱白晶，等，2008. 农用荷电喷雾雾滴粒径与速度分布的试验研究[J]. 农业工程学报，4（2）：17-21.

冷欣夫，唐振华，王荫长，1996. 杀虫剂分子毒理学及昆虫抗药性[M]. 北京：农业出版社.

李红霞，王建新，周明国，2004. 杀菌剂抗性分子检测技术的研究进展[J]. 农药学学报，6（4）：1-6.

林孔勋，1995. 杀菌剂毒理学[M]. 北京：中国农业出版社.

马修斯 G A，1982. 农药使用技术[M]. 北京：化学工业出版社.

慕立义，王开运，刘峰，等，1995. 棉铃虫抗药性调查及抗性规律的研究[J]. 农药（6）：6-9.

茹李军，魏岑，1997. 农药混剂对害虫抗药性发展影响的探讨[J]. 中国农业科学，30（2）：65-69.

魏岑，1999. 农药混剂研制及混剂品种[M]. 北京：化学工业出版社.

吴进才，2011. 农药诱导害虫再猖獗机制[J]. 应用昆虫学报，48（4）：799-803.

袁善奎，周明国，2004. 植物病原菌抗药性遗传研究[J]. 植物病理学报，34（4）：289-295.

张朝贤，倪汉文，魏守辉，等，2009. 杂草抗药性研究进展[J]. 中国农业科学，42（4）：1274-1289.

赵善欢，1999. 植物化学保护[M]. 第3版. 北京：中国农业出版社.

BROWN C D, HOLMES C, WILLIAMS R, et al., 2007. How does crop type influence risk from pesticides to the aquatic environment[J]. Environmental Toxicology and Chemistry, 26（9）：1818-1826.

COURSHEE R J, 1960. Some aspects of the application of insecticides[J]. Annual Review of Entomology, 5：327-352.

DENHOLM I, DEVINE G J, WILLIAMSON M S, 2002. Evolutionary genetics-insecticide resistance on the move[J]. Science, 297（5590）：2222-2223.

HEMINGWAY J, FIELD L, VONTAS J, 2002. An overview of insecticide resistance[J]. Science, 298（5591）：96-97.

ORTON F, ERMLER S, KUGATHAS S, et al., 2014. Mixture effects at very low doses with combinations of anti-androgenic pesticides, antioxidants, industrial pollutant and chemicals used in personal care products[J]. Toxicology and Applied Pharmacology, 278：201-208.

第四章　南繁区虫害防治

玉米（*Zea mays* L.）是禾本科（Gramineae）的一年生草本植物，又名苞谷、苞米棒子、玉蜀黍、珍珠米等。原产于中美洲和南美洲，它是世界重要的粮食作物，广泛分布于美国、中国、巴西和其他国家。玉米的营养价值较高，是优良的粮食作物。作为中国的高产粮食作物，玉米是畜牧业、水产养殖业等的重要饲料来源，也是食品、医疗卫生、轻工业、化工业等的不可或缺的原料之一。

棉花（*Gossypium* spp.），是锦葵科（Malvaceae）棉属（*Gossypium*）植物的种子纤维，原产于亚热带，广泛分布于中国、美国、印度等。它既是最重要的纤维作物，又是重要的油料作物，也是含高蛋白的粮食作物，还是纺织、精细化工原料和重要的战略物资。

水稻是稻属谷类作物，代表种为稻（*Oryza sativa* L.）。水稻原产于中国和印度，世界上近一半人口以大米为主食。水稻除可食用外，还可以酿酒、制糖作工业原料，稻壳和稻秆可以作为牲畜饲料。中国水稻主产区主要是长江流域、珠江流域、东北地区。水稻属于直接经济作物，大米饭是中国居民的主食，目前国内的水稻种植面积常规稻是2.45亿亩，而杂交稻的种植面积是2亿亩。

2021年2月21日中央一号文件正式发布，其中，保障粮食和重要农产品的供应是重要目标之一。玉米、棉花和水稻作为我国主要的农作物之一，其分布范围广，纲目属科繁多。在全球气候变暖、品种不断更换的大背景下，玉米、棉花和水稻害虫不断繁衍进化，虫害的发生规律也一直在发生变化。虫害的发生严重影响作物的产量和质量。因此，做好害虫的防治工作，是保障玉米、棉花和水稻高产量高质量的必经之路，也是完成国家"中央一号文件"目标任务的重要环节。要想有效管理虫害，就需要对害虫的生物习性进行长期的监测，总结虫害发生、演替规律，优化和提升防治技术，从而提高防控能力，发挥虫害防控在作物稳产增产中的作用。

中国热带农业科学院环境与植物保护研究所对南繁区开展了多次病虫害调查，了解到南繁区的玉米害虫主要有亚洲玉米螟、黏虫、条螟、桃蛀螟、地老虎、蝼蛄和蛴螬；棉花害虫主要有棉铃虫、棉蚜、朱砂叶螨、扶桑绵粉蚧、斜纹夜蛾、烟蓟马和烟粉虱；水稻害虫主要有稻飞虱、稻纵卷叶螟、二化螟、大螟、三化螟、中华稻蝗、稻蓟马、黑尾叶蝉、电光叶蝉、稻绿蝽、稻棘缘蝽、大稻缘蝽、稻象甲、稻眼蝶和直纹稻弄蝶。本章对这29种重要害虫就其形态特征、分布与为害、发生规律和防治方法作简要介绍。

一、玉米害虫

（一）亚洲玉米螟

亚洲玉米螟［*Ostrinia furnacali*s（Hubern）］隶属于鳞翅目（Lepidoptera）螟蛾科（Pyralidae）。

1. 形态特征

（1）成虫。黄褐色，雄蛾体长10～13mm，翅展20～30mm，体背黄褐色，腹末较瘦尖，触角丝状，灰褐色，前翅黄褐色，有两条褐色波状横纹，两纹之间有两条黄褐色短纹，后翅灰褐色；雌蛾形态与雄蛾相似，色较浅，前翅鲜黄，线纹浅褐色，后翅淡黄褐色，腹部较肥胖。

（2）幼虫。老熟幼虫，体长25mm，圆筒形，头黑褐色，背部颜色有浅褐、深褐、灰黄等，中、后胸背面各有毛瘤4个，腹部1～8节背面有两排毛瘤，前后各两个。

（3）蛹。长15～19mm，纺锤形，黄褐色，体背密布细小波状横皱纹，臀刺黑褐色、端部有5～8根向上弯曲的刺毛。

（4）卵。扁平椭圆形，长约1mm，宽0.8mm。数粒至数十粒组成卵块，呈鱼鳞状排列，初为乳白色，渐变为黄白色，孵化前卵的一部分为黑褐色（为幼虫头部，称黑头期）。

2. 分布与为害

亚洲玉米螟主要分布在亚洲温带、热带以及澳大利亚和大洋洲的密克罗尼西亚。我国从东北到华南的广大东半部（包括内蒙古南部、山西中部、宁夏南部、甘肃南部和四川），均有亚洲玉米螟分布。

玉米螟的为害，主要是叶片被幼虫咬食后，会降低其光合效率；雄穗被蛀，常易折断，影响授粉；苞叶、花丝被蛀食，会造成缺粒和秕粒以及穗腐和粒腐；茎秆、穗柄、穗轴被蛀食后，形成隧道，破坏植株内水分、养分的输送，使茎秆倒折率增加，籽粒产量下降。

3. 发生规律

玉米螟适合在高温、高湿条件下发育，夏季气温较高，天敌少，有利于玉米螟的繁殖，为害较重。卵期干旱，玉米叶片卷曲，卵块易从叶背面脱落而死亡，为害也较轻。从东北到海南一年发生1~7代。温度高、海拔低，发生代数较多。不论一年发生几代，都是以最后一代的老熟幼虫在寄主的秸秆、穗轴、根茬及杂草里越冬，其中75%以上幼虫在玉米秸秆内越冬。幼虫多在上午孵化，幼虫孵化后先群集在卵壳上，有啃食卵壳的习性，经1h左右开始爬行分散、活泼迅速、行动敏捷，被触动或被风吹即吐丝下垂，随风飘移而扩散到临近植株上。幼虫有趋糖、趋触、趋湿、背光4种习性。4龄后幼虫开始蛀茎，并多从穗下部蛀入，蛀孔处常有大量锯末状虫粪，是识别玉米螟的明显特征，也是寻找玉米螟幼虫的洞口。

4. 防治措施

（1）农业防治。

①灭越冬幼虫：在玉米螟越冬后幼虫化蛹前期，处理秸秆（烧柴）或采取机械灭茬方法来压低虫口，减少化蛹羽化的数量。

②人工捕杀：玉米出苗后，在幼虫取食的早晚人工捏杀幼虫。

③精选无虫健苗：下种前用2%石灰水浸种1d，杀死种苗内的害虫。

（2）化学防治。

①用2.5%的高效氯氟氰菊酯2 000~2 500倍液，或用20%天达虫酰肼悬浮剂1 000~2 000倍液，或用25%天达灭幼脲1 500~2 000倍液喷洒植株。

②玉米大喇叭口期，用30%辛硫磷颗粒剂每亩0.25kg加细沙2kg拌匀后，每株的大喇叭口中撒入2~3g，可防治玉米螟。

（3）物理防治。

①灯光诱杀：利用夜行性昆虫对特定波段光的趋性设频振式杀虫灯、黑光灯、高压汞灯等诱杀玉米螟成虫。

②灌水淹虫：在水源方便的地区，发现虫害时，可引淡水浸没作物1~3d，淹死蛹和幼虫，压低虫口。

③利用成虫多在禾谷类作物叶上产卵习性，在玉米田插谷草把或稻草把，每亩60~100个，每5d更换新草把，把换下的草把集中烧毁。

④理化诱杀：按糖∶醋∶酒∶水＝3∶4∶1∶2的比例，配成糖酒醋液，再加入90%晶体敌百虫，制成糖酒醋诱杀液，放在田间，可诱杀成虫。

（4）生物防治。

①释放天敌：在玉米螟产卵始、初盛和盛期放玉米螟赤眼蜂、松毛虫赤眼

蜂、周氏啮小蜂、麦蛾柔茧蜂等3次，每次放蜂15万～30万头/hm²，设放蜂点75～150个/hm²。

②利用白僵菌和苏云金杆菌治螟：在心叶期，将每克含分生孢子50亿～100亿的白僵菌拌炉渣颗粒10～20倍，撒入心叶丛中，每株2g。苏云金杆菌变种、蜡螟变种、库尔斯塔克变种对玉米螟致病力很强，混拌成每克含芽孢1亿～2亿的颗粒剂，心叶末端撒入心叶丛中，每株2g，或用Bt菌粉750/hm²稀释2 000倍液灌心，穗期防治可在雌穗花丝上滴灌Bt 200～300倍液。

③植物源农药：茶籽饼，每亩用10kg，加水60kg，取出浸液过滤后喷雾。蛎灰粉，在蛾子盛发期，结合耘田改土，每亩撒蛎灰或石灰75～100kg，有杀蛾兼杀幼虫作用。雷公藤（又名菜虫药），每亩用燥根皮粉7.5kg。加水100kg浸泡1h，再加茶籽饼浸出液1kg，混合后喷施。闹洋花，每亩用花、根7.5kg，加水100kg浸泡12h，再煮2h，然后滤去残渣并加茶籽饼浸出液1kg，混合后喷施。苦楝树，每亩用叶、果、皮5kg，捣碎加水40kg，浸泡3h后滤去残渣，使用时再加水100kg和茶籽饼浸出液1kg，混合后喷施。辣蓼草，每亩用15～20kg，晒干后碾碎成细粉，再加茶籽饼浸出液1kg，在晨露未干时拌和7.5～10kg草木灰，均匀撒施于作物叶片上也有良好效果。

（二）黏虫

黏虫［*Mythimna separata*（Walker）］隶属于鳞翅目（Lepidoptera）夜蛾科（Noctuidae）。

1. 形态特征

（1）成虫。体长15～17mm，翅展36～40mm。头部与胸部灰褐色，腹部暗褐色。前翅灰黄褐色、黄色或橙色，变化很多；内横线往往只现几个黑点，环纹与肾纹褐黄色，界限不显著，肾纹后端有一个白点，其两侧各有一个黑点；外横线为一列黑点；缘线为一列黑点。后翅暗褐色，向基部色渐淡。

（2）幼虫。老熟幼虫体长38mm。头红褐色，头盖有网纹，额扁，两侧有褐色粗纵纹，略呈"八"字形，外侧有褐色网纹。体色由淡绿至浓黑，变化甚大（常因食料和环境不同而有变化）。在大发生时背面常呈黑色，腹面淡黄色，背中线白色，亚背线与气门上线之间稍带蓝色，气门线与气门下线之间粉红色至灰白色。腹足外侧有黑褐色宽纵带，足的先端有半环式黑褐色趾钩。

（3）蛹。长约19mm，红褐色，腹部5～7节背面前缘各有一列齿状点刻，臀棘上有刺4根，中央2根粗大，两侧的细短刺略弯。

（4）卵。长约0.5mm，半球形，初产白色渐变黄色，有光泽。卵粒单层排列成行成块。

2. 分布与为害

黏虫属迁飞性害虫，其越冬分界线在北纬33°一带。其分布范围主要有中国、日本、东南亚、印度、澳大利亚、新西兰以及一些太平洋岛屿。在中国除新疆未见报道外，遍布各地。

主要为害小麦、谷子、玉米、水稻、高粱、甘蔗等禾本科作物。在大发生年，还能取食豆类、棉花和蔬菜等。黏虫幼虫咬食叶片。1~2龄幼虫仅食叶肉，3龄以后食量逐渐增加，常将叶片吃成缺刻，5~6龄为暴食阶段，能吃光叶片，并咬断穗子，具有群集为害，大发生时常吃光一块作物后，成群地向附近田块迁移为害。

3. 发生规律

黏虫在华南地区可终年繁殖，无越冬现象，一年发生6~8代。黏虫适于温暖高湿的条件，各虫态适宜的温度在10~25℃，适宜的相对湿度在85%以上，成虫产卵的适宜温度为15~30℃，相对湿度为90%左右。成虫羽化后需补充营养，吸食花蜜以及蚜虫等分泌的蜜露、腐果汁液及淀粉发酵液等。对糖醋液的趋性很强。成虫昼伏夜出，白天隐伏于草丛、柴垛、作物丛间、茅舍等荫蔽处，傍晚开始出来活动，在黄昏午夜活动最盛。

4. 防治措施

（1）农业防治。参照玉米螟。

（2）化学防治。在幼虫低龄期，及时控制其为害，可选用下列药剂喷雾防治：5%抑太保乳油4 000倍液、5%卡死克乳油4 000倍液、5%农梦特乳油4 000倍液。此外，可参照玉米螟。

（3）物理防治。参照玉米螟。

（4）生物防治。利用夜蛾科成虫交配产卵前需要采食以补充能量的生物习性，采用成虫喜欢的气味配比出来的诱饵，配合少量杀虫剂进行生物诱杀，80~100m喷洒一行。可大大减少人工成本，同时减少化学农药对食品以及环境的影响。此外，可参照玉米螟。

（三）条螟

条螟［*Proceras venosatus*（Walker）］隶属于鳞翅目（Lepidoptera）螟蛾科（Pyralidae）。

1. 形态特征

（1）成虫。体长9~17.5mm，下唇须向前伸出，体及前翅灰黄色，翅面有许多黑褐色纵条，顶角特别尖锐，中室有1小黑点，外缘有多个小黑点排成1列，后翅白色。

（2）幼虫。老熟幼虫体长30mm，黄白色，背面有4条紫色纵线（亚背线及气门上线各2条）；各节有黑色毛瘤，腹节背面中央有排列成正方形暗褐色的大型毛瘤。

（3）蛹。体长11~19mm，红褐色，腹部背面第5~7节前缘有明显的弯月形小隆起纹，尾节末端有2个小突起。

（4）卵。卵产成块状，双行"人"字形排列，淡黄白色，1个卵块平均有卵14粒，卵粒扁平椭圆。

2. 分布与为害

条螟在国外分布于菲律宾、越南、老挝、印度、巴基斯坦、斯里兰卡、马来西亚、印度尼西亚、澳大利亚及欧洲、非洲等地。在我国分布在东北、华北、华东、华南等地。

条螟以幼虫蛀食作物茎和幼苗基部。苗期被幼虫入侵为害生长点后，心叶枯死，形成枯心苗。在萌芽期或分蘖初期被害，可造成缺株，减少有效茎数。在生长中后期茎秆被害，造成螟害节，破坏茎内组织，影响作物生长，遇到大风常在虫口处折断，而且虫伤部分常引起赤腐病菌侵入，使作物产量和品质受到损失。

3. 发生规律

条螟在华南地区，如广东、海南和我国台湾地区一年发生4~5代。成虫昼伏夜出，白天栖息在寄主近地面处茎叶背面，喜欢把卵产在叶背基部至中部，个别产在正面或茎秆上，每次产卵200~500粒，卵期5~7d。受害茎秆里同一孔道内常有数条幼虫，该虫龄数差别较大，少的仅4龄，多的9龄，一般多为6~7龄。生产上遇有湿度大时，第1代发生重。

4. 防治措施

（1）农业防治。参照玉米螟。

（2）化学防治。在卵盛期可用75%辛硫磷乳油0.5kg兑少量水，喷拌120kg细土，也可用2.5%溴氰菊酯配成45~50mg/kg毒砂，撒施拌匀的毒土或毒砂300~375kg/hm^2，顺垄撒施在幼苗根际处，使其形成6cm宽的药带，杀虫效果好。

（3）物理防治。参照玉米螟。

（4）生物防治。参照玉米螟。

（四）桃蛀螟

桃蛀螟［*Conogethes punctiferalis*（Guenée）］隶属于鳞翅目（Lepidoptera）草螟科（Crambidae）。

1. 形态特征

（1）成虫。体长10～15mm，翅展20～26mm，全体黄至橙黄色，体背、前翅、后翅散生大小不一的黑色斑点，似豹纹。雄蛾腹部末端有黑色毛丛，雌蛾腹部末端圆锥形。

（2）幼虫。体长18～25mm，体背多为淡褐、浅灰、浅灰蓝、暗红等色，腹面为淡绿色。头暗褐色，前胸盾片褐色，臀板灰褐色，各体节毛片明显，灰褐至黑褐色，背面的毛片较大，第1～8腹节气门各具6个，成2横列，前4后2。气门椭圆形，围气门片黑褐色突起。腹足趾钩为不规则的3序环。

（3）蛹。长11～14mm，纺锤形。初为浅黄绿色，渐变为黄褐色至深褐色。头、胸和腹部1～8节背面密布细小突起，第5～7腹节前后缘有一条刺突。腹部末端有6条臀刺。

（4）卵。长0.6～0.8mm，宽0.4～0.6mm，椭圆形，具有细密而不规则的网状纹。随时间推移，颜色由初产时乳白色或米黄色渐变为橘黄色，孵化前期变为红褐色，可以此推测产卵时间。

2. 分布与为害

世界各地均有分布。在我国分布北起黑龙江、内蒙古，南至台湾、海南、广东、广西、云南南缘，东接俄罗斯东境、朝鲜北境，西面自山西、陕西西斜至宁夏、甘肃后，折入四川、云南、西藏。

桃蛀螟以幼虫为害为主。第1代幼虫主要为害李、杏和早熟桃果，第2代幼虫为害玉米、向日葵花盘、蓖麻籽花穗籽粒和中晚熟桃果，第3代幼虫主要为害栗果。为害玉米时，把卵产在雄穗、雌穗、叶鞘合缝处或叶耳正反面，主要蛀食雌穗，取食玉米粒，并能引起严重穗腐，且可蛀茎，造成植株倒折。初孵幼虫从雌穗上部钻入后，蛀食或啃食籽粒和穗轴，造成直接经济损失。钻蛀穗柄常导致果穗瘦小，籽粒不饱满。蛀孔口堆积颗粒状粪渣，一个果穗上常有多头桃蛀螟为害，也有的与玉米螟混合为害，严重时整个果穗被蛀食，没有产量。

3. 发生规律

桃蛀螟在华南地区一年发生5～6代。成虫白天常静息在叶背、枝叶稠密处或石榴、桃等果实上，夜间飞出完成交配、产卵、取食等活动，成虫通过取食花蜜、露水及成熟果实汁液补充营养。5月中旬田间可见虫卵，盛期在5月下旬至

6月上旬，一直到9月下旬，均可见虫卵，世代重叠严重。产卵多集中在20—22时，多单产于石榴萼筒、板栗壳及其他果树果实的果与果、果与枝叶相接触处。卵期3~4d，初孵化幼虫在萼筒内、梗或果面处吐丝蛀食果皮，2龄后蛀入果内取食，蛀孔处常见排出细丝缀合的褐色颗粒状粪便。随蛀食时间的延长，果内可见虫粪，并伴有腐烂、霉变特征。幼虫5龄，经15~20d老熟。卵单产，每雌可产卵150粒左右，初孵幼虫蛀入幼嫩籽粒中，堵住蛀孔在粒中蛀害，蛀空后再转一粒，3龄后则吐丝结网缀合小穗，在隧道中穿行为害，严重的把整穗籽粒蛀空。幼虫成熟后在穗中或叶腋、叶鞘、枯叶处及高粱、玉米、向日葵秸秆中越冬。

4. 防治措施

（1）农业防治。参照玉米螟。

（2）物理防治。参照玉米螟。

（3）化学防治。在产卵盛期喷洒50%辛硫磷1 000倍液，或用2.5%高效氯氟氰菊酯，或用阿维菌素6 000倍液，或用25%灭幼脲1 500~2 500倍液，或在玉米果穗顶部或花丝上滴50%辛硫磷乳油等药剂300倍液1~2滴，对蛀穗害虫防治效果好。

（4）生物防治。参照玉米螟。

（五）小地老虎

小地老虎〔*Agrotis ypsilon*（Rottemberg）〕隶属于鳞翅目（Lepidoptera）夜蛾科（Noctuidae）。

1. 形态特征

（1）成虫。成虫体长21~23mm，翅展48~50mm。头部与胸部褐色至黑灰色，雄蛾触角双栉形，栉齿短，下唇须斜向上伸，第1~2节外侧大部黑色杂少许灰白色，额光滑无突起，上缘有一黑条，头顶有黑斑，颈板基部色暗，基部与中部各有一黑色横线。下胸淡灰褐色，足外侧黑褐色，胫节及各跗节端部有灰白斑。腹部灰褐色，前翅棕褐色，前缘区色较黑，翅脉纹黑色，基线双线黑色，波浪形，线间色浅褐，自前缘达1脉，内线双线黑色，波浪形；在1脉后外突，剑纹小，暗褐色，黑边，环纹小，扁圆形，或外端呈尖齿形，暗灰色，黑边，肾纹暗灰色，黑边，中有一黑曲纹；中部外方有一楔形黑纹伸达外线，中线黑褐色，波浪形，外线双线黑色，锯齿形；齿尖在各翅脉上断为黑点，亚端线灰白，锯齿形。在2~4脉间呈深波浪形，内侧在4~6脉间有二楔形黑纹，内伸至外线，外侧有二黑点；外区前缘脉上有3个黄白点，端线为一列黑点，缘毛褐黄色，有一列暗点。后翅半透明白色，翅脉褐色，前缘、顶角及端线褐色。

（2）幼虫。头部暗褐色，侧面有黑褐斑纹，体黑褐色稍带黄色，密布黑色小圆突，腹部末端肛上板有一对明显黑纹，背线、亚背线及气门线均黑褐色，不很明显，气门长卵形，黑色。

（3）蛹。黄褐至暗褐色，腹末稍延长，有一对较短的黑褐色粗刺。

（4）卵。扁圆形，花冠分3层，第1层菊花瓣形，第2层玫瑰花瓣形，第3层放射状菱形。

2. 分布与为害

小地老虎在欧洲、亚洲、非洲各地均有分布，在我国主要分布于长江下游沿岸、黄淮地区、西南和华南地区。

小地老虎是一种地下害虫，以幼虫为害玉米。幼虫共6龄，1~2龄幼虫多集中在幼苗叶片和顶心嫩叶处，昼夜为害，啃食叶肉，造成叶片孔洞或缺刻。3龄以后白天潜入土中，晚上出来活动为害，咬断幼苗、叶柄。4~6龄幼虫暴食为害，并能转移为害，每头幼虫一夜能咬断3~5个幼苗。幼虫具有自残和假死现象，受惊缩后身体呈环形。严重造成玉米苗期缺苗断垄，甚至毁种重播。

3. 发生规律

小地老虎在热带地区无越冬现象，一年可发生6~7代，在生产上造成严重危害的为第1代幼虫。该虫活动性和温度有关，在春季夜间气温8℃以上时即有成虫出现，但10℃以上时数量较多、活动越强，适宜生存温度为15~25℃。卵散产于低矮叶密的杂草和幼苗上，少数产于枯叶或土缝中，近地面处落卵最多，每雌产卵800~1 000粒，卵期5d左右；成虫多在15—22时羽化，白天潜伏于杂物及缝隙等处，黄昏后开始飞翔、觅食，3~4d后交配、产卵。

4. 防治措施

（1）农业防治。参照玉米螟。

（2）化学防治。小地老虎不同龄期的幼虫应采用不同的施药方法，幼虫3龄前用喷雾、喷粉或撒毒土进行防治，3龄后田间出现断苗，可用毒饵或毒草诱杀。

①喷雾防治：每公顷可选用50%辛硫磷乳油750mL，或用2.5%溴氰菊酯乳油或40%氯氰菊酯乳油300~450mL、90%晶体敌百虫750g，兑水750L喷雾。喷药适期应在幼虫3龄盛发前。

②毒土防治：可选用2.5%溴氰菊酯乳油90~100mL，或用50%辛硫磷乳油或40%甲基异柳磷乳油500mL加水适量，喷拌细土50kg配成毒土，每公顷300~375kg顺垄撒施于幼苗根部附近。

（3）物理防治。参照玉米螟。

（4）生物防治。参照黏虫。

（六）东方蝼蛄

东方蝼蛄［*Gryllotalpa orientalis*（Burmeister）］隶属于直翅目（Orthoptera）蝼蛄科（Gryllotalpidae）。

1. 形态特征

（1）成虫。雄成虫体长30mm，雌成虫体长33mm。体浅茶褐色，前胸背板中央有一凹陷明显的暗红色长心脏形斑。前翅短，后翅长，腹部末端近纺锤形。前足为开掘足，腿节内侧外缘较直，缺刻不明显，后足胫节脊侧内缘有3～4个刺，此点是识别东方蝼蛄的主要特征，腹末具一对尾须。

（2）若虫。若虫初孵时乳白色，老熟时体色接近成虫，体长24～28mm。

（3）卵。椭圆形，长2.8mm左右，初产时黄白色，有光泽，渐变黄褐色，最后变为暗紫色。

2. 分布与为害

广泛分布于世界各地。我国常见于华中、长江流域及其以南各省。

蝼蛄的为害表现在两个方面，即间接为害和直接为害。直接为害是成虫和若虫咬食植物幼苗的根和嫩茎；间接为害是成虫和若虫在土下活动开掘隧道，使苗根和土壤分离，造成幼苗干枯死亡，致使苗床缺苗断垄，育苗减产或育苗失败。

3. 发生规律

蝼蛄在南方一年发生1代，5月上旬至6月中旬是蝼蛄最活跃的时期，也是第1次为害高峰期，6月下旬至8月下旬，天气炎热，转入地下活动，6—7月为产卵盛期。成虫、若虫均喜松软潮湿的土壤或沙壤土，20cm表土层含水量20%以上、土温15～20℃最适宜活动。

蝼蛄食性广，可采食菊科、藜科和十字花科等多个科的植物，不仅采食植物叶片，还采食根、茎。温度影响蝼蛄采食，20℃以下，随着温度降低，采食量逐渐减少，活动也逐渐减少，5℃时蝼蛄几乎不再活动，20～25℃有利于蝼蛄采食，高于25℃，采食量又开始下降。

蝼蛄生活于土壤中，在土壤中挖掘洞穴，在挖掘洞穴过程中寻找食物，到了产卵期，就产卵于洞穴中。采用吸水脱脂棉作为介质代替土壤，蝼蛄可在其中挖洞、疾走和鸣叫，并在其中生长、产卵繁殖，完成各种行为活动。

4. 防治措施

（1）农业防治。深翻土壤、精耕细作造成不利蝼蛄生存的环境，减轻为

60

害；夏收后，及时翻地，破坏蝼蛄的产卵场所；施用腐熟的有机肥料，不施用未腐熟的肥料；在蝼蛄为害期，追施碳酸氢铵等化肥，散出的氨气对蝼蛄有一定驱避作用；秋收后，进行大水灌地，使向深层迁移的蝼蛄，被迫向上迁移，在结冻前深翻，把翻上地表的害虫冻死；实行合理轮作，改良盐碱地，有条件的地区实行水旱轮作，可消灭大量蝼蛄，减轻为害。

（2）化学防治。播种前种子处理，用50%辛硫磷乳油，按种子重量0.1%～0.2%拌种，堆闷12～24h后播种。毒饵诱杀常用的是敌百虫毒饵，先将麦麸、豆饼、秕谷、棉籽饼或玉米碎粒等炒香，按饵料重量0.5%～1%的比例加入90%晶体敌百虫制成毒饵（先将90%晶体敌百虫用少量温水溶解，倒入饵料中拌匀，再根据饵料干湿程度加适量水，拌至用手一攥稍出水即成）。每亩施毒饵1.5～2.5kg，于傍晚时撒在已出苗的菜地或苗床的表土上，或随播种、移栽定植时撒于播种沟或定植穴内。制成的毒饵限当日撒施。

（3）物理防治。

①趋光性：蝼蛄的趋光性很强，在羽化期间，19—22时可用黑光灯诱杀。

②趋化性：在苗圃步道间每隔20m左右挖一小坑，将马粪或带水的鲜草放入坑内诱集，再加上毒饵更好，翌日清晨可到坑内集中捕杀。

（4）生物防治。利用白僵菌或绿僵菌消灭幼虫，参照玉米螟；保护步行虫、青蛙、蟾蜍和鸟类，控制虫口密度上升。

（七）蛴螬

金龟子或金龟甲的幼虫通称为蛴螬。金龟子是鞘翅目（Coleoptera）金龟总科（Scarabaeoidea）的通称。南繁区常见黑色金龟子［*Alissonotum impressiolle*（Arrow）］。

1. 形态特征

（1）成虫。初羽化时淡黄色，后变为有光泽的漆黑色，腹面及足黑褐色。体长15～17.5mm，胸宽7.1～9.0mm，前胸背板布满微细刻点，鞘翅上有深刻明显的纵线8条。卵乳白色带光泽，初产时长椭圆形，直径长2.33mm，宽1.5mm。几天后渐变成圆形，孵化前呈灰白色。

（2）幼虫。初孵幼虫浅灰色。3龄幼虫体长19～23mm。气门及体毛黄褐色，头及足淡黄色，腹部淡黄白色，后部呈蓝色。

（3）蛹。裸蛹，淡黄褐色。体长18～26mm，前足及后足末端左右相接，但中足相离开。

（4）卵。长椭圆形，长约2.5mm，宽约1.6mm，初产乳白色。

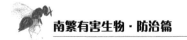

2. 分布与为害

蛴螬广泛分布于世界各地。黑色金龟子在我国主要分布于台湾南部、华南和云贵等地。

玉米地里的蛴螬啃咬玉米种子，咬断玉米幼苗、根、茎，断口整齐平截，像刀切面一样，常常造成地面部分玉米幼苗枯死，为害现状非常容易识别。金龟子主要为害玉米的叶片、嫩心、花穗，造成不同程度的损失。

3. 发生规律

蛴螬在南方多为一年发生1代，共3龄。1~2龄期较短，3龄期最长。蛴螬成虫交配后10~15d产卵，产在松软湿润的土壤内，以水浇地最多，每头雌虫可产卵100粒左右。蛴螬始终在地下活动，与土壤温湿度关系密切。当10cm土温达5℃时开始上升土表，13~18℃时活动最盛，23℃以上则往深土中移动，筑土室化蛹，至土温下降到其活动适宜范围时，再移向土壤上层。以幼虫和成虫在55~150cm土层中越冬。20—21时为成虫取食、交配活动盛期。成虫有假死性、趋光性和喜湿性，并对未腐熟的厩肥有较强的趋性。

4. 防治措施

（1）农业防治。参照玉米螟。

（2）化学防治。

①种子处理：主要目的是使种子携带对蛴螬有剧毒的农药，来防治玉米种子被害虫啃咬破坏，避免玉米种子不发芽。这种方法非常简单，使用农药量很少，效果非常好，对环境十分安全。使用40%辛硫磷乳油，按照玉米种子用量的0.25%剂量拌种防治。经过药剂处理的玉米种子，蛴螬一叮咬就会被药剂毒死，有效地防止了玉米种子被害虫咬伤而不发芽。

②土壤处理：玉米播种前，结合整地，使用药剂处理土壤。每亩使用0.6kg的40%辛硫磷乳油，搅拌10~15kg细小湿土，在蛴螬为害严重的玉米地均匀撒施，再耕地或者整地，可以防止蛴螬害虫的为害。

（3）物理防治。参照玉米螟。

（4）生物防治。参照玉米螟。

二、水稻害虫

（一）稻飞虱

稻飞虱隶属于同翅目（Homoptera）飞虱科（Delphacidae）。我国为害水稻的飞虱主要有褐飞虱 [*Nilaparvata lugens* （Stal）]、白背飞虱 [*Sogatella furcifera* （Horváth）] 和灰飞虱 [*Laodelphax striatellus* （Fallén）] 3种，其中以褐飞虱发生和为害最重。

1. 形态特征

（1）褐飞虱。

①成虫：有长翅和短翅两型。全体褐色，有光泽。长翅型体长（连翅）4～5mm；短翅型体长2.2～4mm，翅长不达腹末。前胸背板和小盾片都有3条明显的凸起线。后足第1跗节外方有小刺。深色型腹部黑褐色，浅色型腹部褐色。雄虫抱器端部不分叉，呈尖角状向内前方突出；雌虫产卵器第1载瓣片内缘呈半圆形突起。

②卵：香蕉形，乳白至淡黄色，卵粒在植物组织内成行排列，卵帽与产卵痕表面等平。

③若虫：共5龄。初孵时淡黄白色，后变褐色，近椭圆形。5龄若虫第3节和第4节腹背各有1个明显的"山"字形浅斑。若虫落入水面后足伸展成一直线。

（2）白背飞虱。

①成虫：有长翅和短翅两型。长翅型体长（连翅）3.8～4.6mm；短翅型体长2.5～3.5mm。雄虫淡黄色，具黑褐斑，雌虫大多黄白色。雄虫头顶、前胸和中胸背板中央黄白色，仅头顶端部脊间黑褐色，前胸背板侧脊外方复眼后方有1暗褐色新月形斑，中胸背板侧区黑褐色，前翅半透明，有黑褐色翅斑；额、颊区、胸、腹部腹面均为黑褐色。雌虫额、颊区及胸、腹部腹面则为黄褐色。雄虫抱握器于端部分叉。

②卵：长0.8～1mm，长椭圆形，稍弯曲，一端稍大。卵块中卵粒呈单行排列，卵帽不外露，外表仅见褐色条状产卵痕。

③若虫：体淡灰褐色，背有淡灰色云状斑，共5龄。1龄体长1mm左右，末龄体长约2.9mm，3龄见翅芽。3龄腹部第3节和第4节背面各有1对乳白色近三角形斑纹。若虫落水其后足伸展成一直线。

（3）灰飞虱。

①成虫：有长翅和短翅两型。长翅型雌虫体长（连翅）4～4.2mm，雄虫体长3.5～3.8mm；短翅型雌虫2.4～2.8mm，雄虫2.1～2.3mm。雌虫黄褐色，雄虫黑色。头顶略突出，在头顶上由脊形成凹陷，排成三角形；颜面额区雌雄均为黑色。雌虫中胸背板中部淡黄色，两侧暗褐色，雄虫中胸背板全部黑色，翅半透明，带灰色；前翅后缘中部有一翅斑。雄性抱握器端部不分叉，如小鸟形。

②卵：香蕉形，长约1mm，初产时乳白半透明，后期淡黄。卵双行排列成

块，卵盖微露于产卵痕外。

③若虫：共5龄，末龄体长约2.7mm，深灰褐色，前翅芽明显超过后翅芽。3～5龄若虫腹背斑纹较清晰，第3腹节和第4腹节背面各有1淡色"八"字纹，第6～8腹节背面的淡色纹呈"一"字形。在水稻生长季节，若虫多呈乳黄或淡褐色，秋末、冬春多呈灰褐色。胸、腹部背面两侧色较深。若虫落水其后足伸展成"八"字形。

2. 分布与为害

3种飞虱主要分布于亚洲、大洋洲和太平洋岛屿的产稻国，且在我国各省、自治区均有发生。其中褐飞虱为偏南方种类，在长江流域及其以南地区为害严重；白背飞虱为偏南方的种类，为害性仅次于褐飞虱；灰飞虱为偏北方的种类。

稻飞虱主要以成、若虫刺吸水稻叶片汁液为害。轻则造成叶片失绿，重则造成叶片及植株枯萎死亡。田间受害稻丛常由点、片开始，远望比正常稻株黄矮，俗称"冒穿""黄塘"或"塌圈"等。其排泄物常招致霉菌滋生，影响水稻的光合作用和呼吸作用。此外，稻飞虱还会传播植物病毒病。褐飞虱能传播水稻丛矮缩病等，白背飞虱能传播水稻黑条矮缩病等，灰飞虱能传播水稻条纹叶枯病等。

3. 发生规律

稻飞虱为远距离迁飞性害虫，在海南地区各虫态无滞育和越冬的现象，一年可发生10～12代。褐飞虱成虫对生长嫩绿的水稻有明显趋性，长翅成虫有明显趋光性。成虫、若虫喜阴湿环境，在孕穗期植株上吸食量最大。正常条件下每雌平均产卵200～700粒，在生长季节20多天就可繁殖1代。白背飞虱其习性与褐飞虱相似，主要区别是白背飞虱雄虫仅为长翅型，飞翔能力强，一次迁飞范围广；雌虫繁殖能力较褐飞虱低，平均每雌产卵85粒；成、若虫栖息部位稍高，不耐拥挤，田间分布比较均匀，水稻受害比较一致，几乎不出现"黄塘"。在雨后回温，田间营养充足的情况下易于高发生。田间种植密度过大，通风不良，小气候特点明显，稻飞虱发生严重。

4. 防治措施

（1）农业防治。

①选育抗虫丰产水稻品种：如汕优10、汕优64等，并对水稻种植要合理布局，实行连片种植，防止稻飞虱来回迁移，辗转为害。

②科学管水，适时晒田：科学的管水方法是坚持浅水勤灌，适时晒田，做到时到不等苗，苗到不等时，使田间通风透光，降低田间湿度，防止水稻贪青徒长。

③配方施肥，平衡营养：偏施氮肥、过多施用氮肥都会加重稻飞虱发生程度；增施磷、钾、硅肥均能提高水稻对稻飞虱的抗性。同时根据土壤养分测定结果，确定磷钾肥的用量，并增施一定数量的硅肥。

（2）化学防治。2龄若虫盛发期是稻飞虱的防治适期，可采用喷雾的方式。水稻生长后期，植株高大，要采用分行泼浇的办法，提高药效。施药时，田间保持浅水层，以提高防治效果。

①在水稻孕穗期或抽穗期，2～3龄若虫高峰期，可用下列药剂：58%吡虫·杀虫单可湿性粉剂52～86g/亩；44%吡虫·井·杀单可湿性粉剂100～120g/亩；20%吡虫·三唑磷乳油100～120mL/亩；10%噻嗪·吡虫啉可湿性粉剂30～50g/亩；25%吡虫·辛硫磷乳油80～100mL/亩；52%噻嗪·杀虫单可湿性粉剂80～100g/亩；26%敌畏·吡虫啉乳油60～80mL/亩；10%吡虫啉可湿性粉剂10～20g/亩；25%噻嗪酮可湿性粉剂25～35g/亩；48%毒死蜱乳油60～80mL/亩；5%丁烯氟虫腈悬浮剂30～50mL/亩，兑水50kg均匀喷雾。

②在水稻孕穗末期或圆秆期，孕穗期或抽穗期，或灌浆乳熟期，可用下列药剂：25%噻嗪·异丙威可湿性粉剂100～120g/亩；50%二嗪磷乳油75～100mL/亩；25%速灭威可湿性粉剂100～200g/亩；30%敌敌畏乳油100～150mL/亩；20%异丙威乳油150～200mL/亩；20%仲丁威乳油150～190mL/亩；45%杀螟硫磷乳油55～95mL/亩；45%马拉硫磷乳油95～110mL/亩；50%混灭威乳油50～100mL/亩；25%甲萘威可湿性粉剂200～260g/亩，兑水50kg均匀喷雾，兼治二化螟、三化螟、稻纵卷叶螟等。

（3）物理防治。分蘖期的稻田，每亩用轻柴油或废机油0.5～1kg，拌潮沙30～40kg，均匀撒入田中，待油扩散后，用小棍或扫帚等震动稻株，将飞虱震落于水面，触油而死；乳熟期后，采用油水泼浇，即待油扩散后，用木勺舀田中油水，反复泼浇稻株基部，杀死飞虱。油类防治应注意在滴油前要保持田水3～5cm深，隔日后换清水。

（4）生物防治。

①保护利用自然天敌，调整用药时间，改进施药方法，减少施药次数，用药量要合理，以减少对天敌的伤害，达到保护天敌的目的。

②可采用草把助迁蜘蛛等措施，对防治飞虱有较好效果。

③放鸭啄食。

（二）稻纵卷叶螟

稻纵卷叶螟［*Cnaphalocrocis medinalis*（Guenee）］隶属于鳞翅目（Lepidoptera）螟蛾科（Pyralidae）。

1. 形态特征

（1）成虫。成虫体长7~9mm，翅展12~18mm。体、翅黄褐色，停息时两翅斜展在背部两侧。复眼黑色，触角丝状，黄白色。前翅近三角形，前缘暗褐色，翅面上有内、中、外3条暗褐色横线，内、外横线从翅的前缘延至后缘，中横线短而略粗，外缘有1条暗褐色宽带，外缘线黑褐色。后翅有内、外横线2条，内横线短，不达后缘，外横线及外缘宽带与前翅相同，直达后缘。腹部各节后缘有暗褐色及白色横线各1条，腹部末节有2个并列的白色直条斑。雄蛾前翅前缘中部稍内方，有一中间凹陷周围黑色毛簇的闪光"眼点"，中横线与鼻眼点相连；前足跗节膨大，上有褐色丛毛，停息时尾节常向上翘起。雌蛾前翅前缘中间，即中横线处无"眼点"，前足跗节上无丛毛，停息时，尾部较平直。

（2）卵。卵椭圆形而扁平，长约1mm，宽约0.5mm，中间稍隆起，卵壳表面有细网纹。初产时乳白色透明，后渐变淡黄色，在烈日暴晒下，常变赭红色；孵化前可见卵内有一黑点，为幼虫头部。

（3）幼虫。幼虫头部淡褐色，腹部淡黄色至绿色，老熟幼虫体长14~19mm，橘红色。前胸背板淡褐色，上有褐色斑纹，近前缘中央有并列的褐色斑点两颗，两侧各有一条由褐点组成的弧形斑。后缘有两条向前延伸的尖条斑。中、后胸背面各有绒毛片8个，分成2排，前排6个，中间2条较大，后排2个，位于两侧；自3龄以后，毛片周围黑褐色。腹部毛片黄绿色，周围无黑纹，第1~8节背面各有毛片6个，也分两排，前排4个，后排2个，位于近中间。腹部毛瘤黑色，气门周围亦为黑色。腹足趾钩39个左右，为单行三序环。幼虫一般5龄，少数6龄。预蛹长11.5~13.5mm，淡橙红色，体节膨胀，腹足及尾足收缩。

（4）蛹。长7~10mm，圆筒形，末端较尖削。初淡黄色，后转红棕色至褐色，背部色较深，腹面色较淡。翅芽、触角及足的末端均达第4节后缘。腹部气门突出；第4~8节节间明显凹入，第5~7节近前缘处有一黑褐色横隆线。尾刺明显突出有8根钩刺。雄蛹腹部末端较细尖，生殖孔在第9腹节上，距肛门近；雌蛹末节较圆钝，生殖孔在第8腹节上，距肛门较远，第9节节间缝向上延伸成"八"字形。蛹外常裹薄茧。

2. 分布与为害

稻纵卷叶螟是水稻生产上主要害虫之一，广泛分布在东亚、东南亚及澳洲等地，在我国各稻区均有分布。

稻纵卷叶螟主要以幼虫为害水稻，缀叶成纵苞，躲藏其中取食上表皮及叶肉，仅留白色下表皮。苗期受害影响水稻正常生长，甚至枯死；分蘖期至拔节期受害，分蘖减少，植株缩短，生育期推迟；孕穗后特别是抽穗到齐穗期剑叶被害，影响开花结实，空壳率提高，千粒重下降。

3.发生规律

稻纵卷叶螟多在19时后羽化。据观测，在气温较高（26～29℃）的地区，上半夜羽化的占54%，下半夜羽化的占46%。凡是在午夜前后即20时到下半夜2时羽化的蛾子，生命潜能强，寿命长，产卵期长，产卵量也多。稻纵卷叶螟成虫有强烈的趋荫蔽栖息习性。白天，有的蛾子隐藏在生长茂密较荫蔽、湿度较大的稻田里；有的则向生长茂盛的甘薯园、糖蔗园、瓜菜园、茭白田、棉花田、果园及山上杂草茂盛阴凉之处迁飞，到晚上又飞向嫩绿稻田产卵。

卵一般单粒散产，也有部分是一处产2～3粒，少数是一处产4～6粒或9～10粒，排列成单行或双行。处于分蘖期的稻株，产于第2片嫩叶最多，其次是第3片叶；孕穗、抽穗期稻株，多产于心叶和第2片嫩叶上，少数产于叶鞘上。卵分布于水稻的叶面和叶背，亦有少数产于稗草的叶片上。初孵化的小幼虫，在干燥环境中成活率低。据试验，在适温的情况，相对湿度达89%，幼虫成活率80.8%，而相对湿度为64%的，幼虫成活率只有33.2%。

从水稻生育期看，分蘖至孕穗期，多数幼虫在稻丛基部嫩叶或黄叶上化蛹；孕穗后，幼虫多在枯叶鞘内侧化蛹，化蛹最适温、湿环境分别为26℃和80%。

稻纵卷叶螟在阴天多雨、空气潮湿的情况以及田间杂草较多的田地发生严重。此外，由于稻纵卷叶螟具有趋绿性，长势旺，叶片浓绿，有利于虫害的发生。生长期不一致的区域，为各个时期的虫害提供充足的食物，发生严重。

4.防治措施

（1）农业防治。

①清除杂草，结合积肥治螟：挖光草籽留种田的稻根，捡净外露稻根，特别注意清除河边、塘边、田边、沟边的杂草，并烧制成焦泥灰。做到治虫积肥一举两得。

②利用水稻抗性，选用抗病虫高产良种：结合合理施肥，防止水稻前期猛发嫩绿，后期恋青迟熟，使水稻生长正常，适期成熟，对减轻为害有一定作用。

③抓紧夏收，减少第3代虫源：早稻开始收刈时，第3代成虫羽化还属少数，随着夏收时间的推迟，从早稻田羽化的蛾子逐日增加。抓紧夏收，并及时翻耕或把稻根踏入泥中，将蛾子消灭在羽化之前，对减少第3代虫源，减轻晚稻受害有一定作用。

（2）化学防治。

①在水稻螟虫防治之前，采用杀卵制剂进行预防，降低虫口基数。可采用10%吡丙醚10mL或15%氟铃脲5g进行杀卵。

②在虫害发生之后，多采用甲维·茚虫威、甲维·虫螨腈、杀虫单、溴氰虫酰胺等进行交替使用，根据虫害的发生程度进行防治，延缓抗药性。每亩用25%杀虫双水剂150g，加水37.5~50kg喷雾，或加水5~7.5kg弥雾。用药适期掌握在1~2龄幼虫高峰期，或用1 000倍药液浸秧1min带药下田，可兼治二化螟、三化螟。安全间隔期（最后一次用药离收获的天数）不少于15d。每亩用甲胺磷乳剂25~50g，加水37.5~50kg喷雾，对高龄幼虫效果也很好，且能兼治黑尾叶蝉。安全间隔期早稻20d，晚稻40d，甲胺磷属高毒农药，要注意安全使用。每亩用30%乙酰甲胺磷乳剂50~75g，加水37.5~60kg喷雾，或加水5kg弥雾，每亩用50%杀螟松乳剂60~75g，加水35~37.5kg喷雾，或加水7.5kg弥雾，用药安全间隔期不少于14d。此外，每亩用48%毒死蜱乳剂60g，或50%嘧啶氧磷乳剂100~150g，或50%巴丹可湿性粉剂150g，或甲硫环乳剂（易卫杀）60~100g，或10%氯氰菊酯乳剂（灭百可）50~65g，或溴氰菊酯乳剂25g，分别加水37.5~50kg，在1~3龄幼虫期喷雾效果好，且可兼治二化螟和三化螟等。但溴氰菊酯对鱼剧毒，须管好用药后的田水。

（3）物理防治。参照亚洲玉米螟。

（4）生物防治。参照亚洲玉米螟。

（三）二化螟

二化螟〔*Chilo suppressalis*（Walker）〕隶属于鳞翅目（Lepidoptera）螟蛾科（Pyralidae）。

1. 形态特征

（1）成虫。水稻二化螟是螟蛾科昆虫的1种，俗名钻心虫、蛀心虫、蛀秆虫等。成虫翅展雄约20mm，雌25~28mm。头部淡灰褐色，额白色至烟色，圆形，顶端尖。胸部和翅基片白色至灰白色，并带褐色。前翅黄褐至暗褐色，中室先端有紫黑斑点，中室下方有3个斑排成斜线。前翅外缘有7个黑点。后翅白色，靠近翅外缘稍带褐色。雌虫体色比雄虫稍淡，前翅黄褐色，后翅白色。

（2）卵。扁椭圆形，有10余粒至百余粒组成卵块，排列成鱼鳞状，初产时乳白色，将孵化时灰黑色。

（3）幼虫。老熟时长20~30mm，体背有5条褐色纵线，腹面灰白色。

（4）蛹。长10~13mm，淡棕色，前期背面尚可见5条褐色纵线，中间3条较明显，后期逐渐模糊，足伸至翅芽末端。

2. 分布与为害

二化螟是重要的水稻等禾本科作物钻蛀性害虫，广泛分布于亚欧大陆多个国家，我国分布北达黑龙江克山县，南至海南岛，但其主要分布为害地区为湖南、湖北、四川、江西、浙江、福建、江苏、安徽以及贵州、云南等长江流域及其以南主要稻区。

二化螟幼虫通过蛀害水稻叶鞘、心叶、稻茎，造成枯鞘、枯心苗，为害孕穗、抽穗期水稻，造成枯孕穗和白穗。为害灌浆、乳熟期水稻，造成半枯穗和虫伤株。为害株田间呈聚集分布，中心明显。成熟期造成半枯穗状虫伤株，导致严重减产。

3. 发生规律

二化螟在海南地区可发生5代左右。温度24~29℃、相对湿度90%以上，有利于螟虫的孵化和侵入为害，超过40℃，螟虫大量死亡，相对湿度60%以下，螟虫不能孵化。二化螟成虫产卵为块产，主要产在靠近叶鞘的叶片叶背基部，也有很多产在叶片正面近叶尖处。产卵时对植株具有选择性，喜在叶色浓绿、生长粗壮、高大、茂盛的稻株上产卵；产卵时对植物种类也有选择性，以水稻着卵量最大，其次为田茅，而在玉米、高粱、谷子、小麦、稗草上着卵量较少。幼虫耐水淹且有转株为害的习性。就栽培制度而言，纯双季稻区比多种稻混栽区螟害发生重；而在栽培技术上，基肥足，水稻健壮，抽穗迅速、整齐的稻田螟害轻；追肥过迟和偏施氮肥，水稻徒长，螟害重。

4. 防治措施

参照稻纵卷叶螟。

（四）三化螟

三化螟［*Tryporyza incertulas*（Walker）］隶属于鳞翅目（Lepidoptera）螟蛾科（Pyralidae）。

1. 形态特征

三化螟成虫雌雄的颜色和斑纹皆不同。雄蛾头、胸和前翅灰褐色，下唇须很长，向前突出，腹部上下两面灰色。雌蛾前翅黄色，中室下角有1个黑点；后翅白色，靠近外缘带淡黄色，腹部末端有黄褐色成束的鳞毛。雄蛾前翅中室前端有一个小黑点，从翅顶到翅后缘有一条黑褐色斜线，外缘有8~9个黑点。后翅白色，外缘部分略带淡褐色。

（1）成虫。体长9~13mm，翅展23~28mm。雌蛾前翅为近三角形，淡黄白色，翅中央有一明显黑点，腹部末端有一丛黄褐色绒毛；雄蛾前翅淡灰褐色，翅中央有一较小的黑点，由翅顶角斜向中央有一条暗褐色斜纹。

（2）卵。长椭圆形，密集成块，每块几十至一百多粒，卵块上覆盖着褐色绒毛，像半粒发霉的大豆。

（3）幼虫。4~5龄。初孵时灰黑色，胸腹部交接处有一白色环。老熟时长14~21mm，头淡黄褐色，身体淡黄绿色或黄白色，从3龄起，背中线清晰可见。腹足较退化。

（4）蛹。黄绿色，羽化前金黄色（雌）或银灰色（雄），雄蛹后足伸达第7腹节或稍超过，雌蛹后足伸达第6腹节。

2. 分布与为害

三化螟是亚洲热带至温带南部的重要稻虫。国外分布于南亚次大陆、东南亚和日本南部。国内发生于长江以南大部分稻区，为害严重。

为害症状与二化螟类似。

3. 发生规律

三化螟在海南地区可一年发生7代左右，发生规律与二化螟类似。

4. 防治措施

参照稻纵卷叶螟。

（五）大螟

大螟［*Sesamia inferens*（Walker）］隶属于鳞翅目（Lepidoptera）夜蛾科（Noctuidae）。

1. 形态特征

（1）成虫。雌蛾体长15mm，翅展约30mm，头部、胸部浅黄褐色，有白粉状分泌物。腹部浅黄色至灰白色，触角丝状，前翅近长方形，浅灰褐色，中间具小黑点4个排成四角形。雄蛾体长约12mm，翅展27mm，触角栉齿状。

（2）卵。扁圆形，初白色后变灰黄色，表面具细纵纹和横线，聚生或散生，常排成2~3行。

（3）幼虫。体态肥胖粗壮，身体长20~30mm，头红褐色，身体背面紫红色。末龄幼虫体长约30mm，头红褐色至暗褐色，共5~7龄。

（4）蛹。蛹肥大，黄褐色，蛹长13~18mm，粗壮，红褐色，腹部具灰白色粉状物，臀棘有3根钩棘。

2. 分布与为害

大螟分布较广，在我国中南部稻区都有发生，以南方各省的局部地区发生较多。

大螟为害症状基本同二化螟。造成的枯心苗田边较多，田中间较少，有别于二化螟、三化螟为害造成的枯心苗。

3. 发生规律

大螟在海南地区一年可发生6代左右，发生规律与二化螟类似。

4. 防治措施

参照稻纵卷叶螟。

（六）中华稻蝗

中华稻蝗［*Oxya chinensis*（Thunberg）］隶属于直翅目（Orthoptera）斑腿蝗科（Catantopidae）。

1. 形态特征

（1）成虫。雄虫体长15～33mm，雌虫19～40mm，体色黄绿、褐绿、绿色，前翅前缘绿色，余淡褐色，头宽大，卵圆形，头顶向前伸，颜面隆起宽，两侧缘近平行，具纵沟。复眼卵圆形，触角丝状，前胸背板后横沟位于中部之后，前胸腹板突圆锥形，略向后倾斜，翅长超过后足腿节末端。雄虫尾端近圆锥形，肛上板短三角形，平滑无侧沟，顶端呈锐角。雌虫腹部第2～3节背板侧面的后下角呈刺状，有的第3节不明显。产卵瓣长，上下瓣大，外缘具细齿。

（2）卵。卵长约3.5mm，宽1mm，长圆筒形，中间略弯，深黄色。卵囊为深褐色。卵囊表面为膜质，顶部有卵囊盖。囊内有上、下两层排列不规则的卵粒，卵粒间填以泡沫状胶质物。

（3）幼虫。幼虫一般为6龄，少数5龄或7龄。1龄体长6～8mm，触角13节，无翅芽；2龄体长9.5～12mm，触角14～17节，翅芽不明显；3龄体长13.5～15mm，触角18～19节，翅芽明显，翅脉隐约可见，前翅芽略呈三角形，后翅芽圆形；4龄体长17～26.8mm，触角20～22节，前翅芽向后延伸，狭长而端尖，后翅芽下后缘钝角形，伸过腹部第1节前缘；5龄体长23.5～30mm，触角24～27节，翅芽向背面翻折，伸达腹部第1～2节；老龄蝗蛹体呈绿色，体长约32mm，触角26～29节，前胸背板后伸，较头部为长，两翅芽已伸达腹部第3节中间，后足胫节有刺10对，末端具有2对叶状粗刺，产卵管背腹瓣明显。

2. 分布与为害

中华稻蝗在我国北起黑龙江，南至海南各稻区均有分布，以长江流域和黄淮稻区发生较重。

中华稻蝗对作物的为害是以成、若虫咬食叶片，咬断茎秆和幼芽。水稻被害叶片成缺刻，严重时稻叶被吃光，也能咬坏穗颈和乳熟的谷粒。

3. 发生规律

中华稻蝗在广东和海南地区一年发生2代。第1代成虫出现于6月上旬，第2代成虫出现于9月上中旬。各地均以卵块在田埂、荒滩、堤坝等土中1.5mm深处或杂草根际、稻茬株间越冬。越冬卵于5月中下旬陆续孵化，6月初至8月中旬田间各龄若虫重叠发生，7月中旬至8月中旬羽化为成虫，9月中下旬为成虫产卵盛期，9月下旬至11月初成虫陆续死亡。一般沿湖、沿渠、低洼地区发生重于高坡稻田，早稻田重于晚稻田，晚稻秧田重于本田，田埂边重于田中间。单双季稻混栽区，随着早稻收获，单季稻和双晚秧田常集中受害。

4. 防治措施

（1）农业防治。参照稻纵卷叶螟。

（2）化学防治。抓住蝗蝻未扩散前集中在田埂、地头、沟渠边等杂草上以及蝗蝻扩散前期在大田田边5m范围内稻苗上的有利时机，及时用药。稻田防治指标为平均每丛有蝗蝻1头。应注意在若虫3龄前进行。药剂可选用5%锐劲特悬浮剂5 000倍液，或20%灭扫利乳油4 000倍液，或20%氰戊菊酯乳油4 000倍液，或2.5%溴氰菊酯乳油4 000倍液，或2.5%功夫菊酯乳油4 000倍液，或90%敌百虫700倍液，或25%杀虫双水剂600倍液。如果蝗蝻已达3龄，并且虫口密度已到30头/m^{2}以上时，可采用5%卡死克乳油与蝗虫微孢子虫协调喷施，以喷施面积3∶1的比例进行防治（即以两渠埂间稻田为1个条带，用3个条带稻田喷施卡死克，施用量为70mL/亩，1个条带稻田喷施蝗虫微孢子虫，用量为20亿个孢子/亩，以此重复间隔喷施）。

（3）生物防治。抓住3龄前防治适期，用蝗虫微孢子虫以15亿个孢子/亩的浓度进行防治。蝗虫微孢子虫是一种单细胞原生动物，为蝗虫的专性寄生物，可引起许多种蝗虫感病，对天敌昆虫、人、畜、禽均安全。蝗虫感病后可明显影响其取食量、活动能力、雌虫产卵量、卵孵化率等，经口传播后在蝗虫种群内流行，还可经卵传至下一代，长期控制蝗害。

（七）稻蓟马

稻蓟马［*Chloethrips oryzae*（Wil.）］隶属于缨翅目（Thysanoptera）蓟马科（Thripidae）。

1. 形态特征

（1）成虫。体长1~1.3mm，黑褐色，头近似方形，触角7节；翅淡褐色、羽毛状，腹末雌虫锥形，雄虫较圆钝。

（2）卵。肾形，长约0.26mm，黄白色。

（3）若虫。共4龄，4龄若虫又称蛹，长0.8～1.3mm，淡黄色，触角折向头与胸部背面。

2. 分布与为害

稻蓟马在我国北起黑龙江、内蒙古，南至广东、广西、海南和云南，东自台湾，西达四川、贵州均有发生。

成、若虫以口器锉破叶面，成微细黄白色斑，叶尖两边向内卷折，渐及全叶卷缩枯黄，分蘖初期受害重的稻田，苗不长、根不发、无分蘖，甚至成团枯死。晚稻秧田受害更为严重，常成片枯死，状如火烧。穗期成、若虫趋向穗苞，扬花时，转入颖壳内，为害子房，造成空瘪粒。

3. 发生规律

稻蓟马生活周期短，发生代数多，在海南地区一年可发生12代以上，世代重叠。成虫常藏身卷叶尖或心叶内，早晚及阴天外出活动，有明显趋嫩绿稻苗产卵习性，卵散产于叶脉间，幼穗形成后，则以心叶上产卵为多。初孵幼虫集中在叶耳、叶舌处，更喜欢在幼嫩心叶上为害。7—8月低温多雨，有利于发生为害。秧苗期、分蘖期和幼穗分化期，是蓟马的严重为害期，尤其是晚稻秧田和本田初期受害更严重。

4. 防治措施

参照烟蓟马。

（八）黑尾叶蝉

黑尾叶蝉［*Nephotettix cincticeps*（Uhler）］隶属于同翅目（Homoptera）叶蝉科（Cicadellidae）。

1. 形态特征

（1）成虫。体长4.5～6mm。头至翅端长13～15mm。最大特征是后脚胫节有2排硬刺。体色黄绿色；头、胸部有小黑点；上翅末端有黑斑。头与前胸背板等宽，向前成钝圆角突出，头顶复眼间接近前缘处有1条黑色横凹沟，内有1条黑色亚缘横带。复眼黑褐色，单眼黄绿色。雄虫额唇基区黑色，前唇基及颊区为淡黄绿色；雌虫颜面为淡黄褐色，额唇基的基部两侧区各有数条淡褐色横纹，颊区淡黄绿色。前胸背板两性均为黄绿色，小盾片黄绿色，前翅淡蓝绿色，前缘区淡黄绿色，雄虫翅端1/3处黑色，雌虫为淡褐色。雄虫胸、腹部腹面及背面黑色，

73

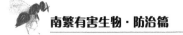

雌虫腹面淡黄色，腹背黑色。

（2）卵。长茄形，长1~1.2mm。

（3）若虫。末龄若虫体长3.5~4mm，若虫共4龄。

2. 分布与为害

黑尾叶蝉分布于朝鲜、日本、缅甸、越南、老挝、泰国、柬埔寨、菲律宾、印度尼西亚、印度、非洲南部。在我国主要分布在长江中上游和西南各省。

黑尾叶蝉直接刺吸汁液为害水稻，或是传播矮缩病。刺吸为害时，先在叶鞘上出现短线状褐色小斑点，叶片上出现点线状白色小斑点，周围有黄晕，斑点较多时，黄晕接连成片。秧苗受害，叶色落黄后不久枯死；分蘖期受害，叶色落黄，植株矮小；穗期受害，穗色青灰，秕谷很多。

3. 发生规律

黑尾叶蝉发生的世代数随纬度不同而有差别，在海南地区一年可发生10代以上。由于成虫产卵期长，田间各世代有明显重叠现象。成虫生性活泼，白天多栖息于稻株中下部，早晨、夜晚在叶片上部为害。在高温、风小的晴天最为活跃，气温低、大风暴雨时，则多静伏稻丛基部或田埂杂草中。成虫趋光性强，并有趋向嫩绿的习性。成虫寿命一般10~20d，成虫羽化后一般经7~8d开始产卵，卵多产在叶鞘边缘内侧，少数产于叶片中肋内。产卵时先将产卵器伸到叶鞘和茎秆间的夹缝里，再在叶鞘的内壁划破下表皮，卵产在表皮下，所以在叶鞘外面只看到卵块隆起，而没有开裂的产卵痕。若虫多栖息在稻株基部，有群聚习性，一丛稻上有10多只乃至数百只，茂密、荫郁的稻丛上虫数最多。若虫共5龄，2~4龄若虫活动力最强，初龄和末龄比较迟钝。卵粒单行排列成卵块，每卵块一般有卵11~20粒，最多有卵30粒。

4. 防治措施

（1）农业防治。选用高产抗虫品种，是防治虫害最有效的措施；结合积肥，铲除田边杂草；改革耕作制度，避免混栽，减少桥梁田；加强肥水管理，避免稻株贪青徒长。

（2）化学防治。

①大田虫口密度调查：从产卵前期到成虫出现20%~40%为药剂防治适期。此时田间如虫口已达防治指标，根据天敌发生情况，进行重点挑治。

②参考用药：喷洒2%叶蝉散粉剂、10%吡虫啉（一遍净）可湿性粉剂2 500倍液、2.5%保得乳油2 000倍液、20%叶蝉散乳油500倍液，每亩70L。也可用30%乙酰甲胺磷乳油或50%杀螟松乳油1 000倍液，90%杀虫单原粉亩50~60g兑

水喷雾。

（3）物理防治。黑尾叶蝉有很强的趋光性，且扑灯的多是怀卵的雌虫，可在6—8月成虫盛发期进行灯光诱杀。

（4）生物防治。天敌对叶蝉的数量消长起一定的抑制作用。卵寄生蜂主要有褐腰赤眼蜂、黑尾叶蝉缨小蜂、黑尾叶蝉赤眼蜂和黑尾叶蝉大角啮小蜂等，其中以褐腰赤眼蜂为主，寄生率颇高。成虫、若虫寄生天敌，主要有捻翅目的二点栉及双翅目的头蝇等物种。应注意保护天敌。

（九）电光叶蝉

电光叶蝉［*Inazuma dorsalis*（Motschulsky）］隶属于同翅目（Homoptera）叶蝉科（Cicadellidae）。

1. 形态特征

（1）成虫。体长3～4mm，浅黄色，具淡褐斑纹。头冠中前部具浅黄褐色斑点2个，后方还有2个浅黄褐色小斑点。小盾片浅灰色，基角处各具1个浅黄褐色斑点。前翅浅灰黄色，其上具闪电状黄褐色宽纹，色带四周色浓，特征相当明显。胸部及腹部的腹面黄白色，散布有暗褐色斑点。

（2）卵。长1～1.2mm，椭圆形，略弯曲，初白色，后变黄色。

（3）若虫。共5龄。末龄若虫体长3.5mm，黄白色。头部、胸部背面，足和腹部最后3节的侧面褐色，腹部1～6节背面各具褐色斑纹1对，翅芽达腹部第4节。

2. 分布与为害

电光叶蝉广泛分布于日本、朝鲜、东南亚和南亚、太平洋岛屿及澳大利亚等。在我国黄河以南各稻区均有分布。

电光叶蝉以成、若虫在水稻叶片和叶鞘上刺吸汁液，致受害株生长发育受抑，造成叶片变黄或整株枯萎。传播稻矮缩病、瘤矮病等。

3. 发生规律

与黑尾叶蝉类似。

4. 防治措施

参照黑尾叶蝉。

（十）稻绿蝽

稻绿蝽［*Nezara viridula*（Linnaeus）］隶属于半翅目（Hemiptera）蝽科

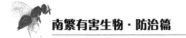

（Pentatomidae）。

1. 形态特征

（1）成虫。成虫有多种变型，各生物型间常彼此交配繁殖，所以在形态上产生多变。有全绿、黄肩、点绿和综合等不同的态型。全绿型（代表型），体长12～16mm，宽6～8mm，椭圆形，体、足全鲜绿色，头近三角形，触角第3节末及第4节和第5节端半部黑色，其余青绿色。单眼红色，复眼黑色。前胸背板的角钝圆，前侧缘多具黄色狭边。小盾片长三角形，末端狭圆，基缘有3个小白点，两侧角外各有1个小黑点。腹面色淡，腹部背板全绿色。触角丝状，4节，绿黑相间，长7mm。虫体具多种不同色型，基本色型个体全体绿色，或除头前半区与前胸背板前缘区为黄色外，其余为绿色；但部分个体表现为虫体大部橘红色，或除头胸背面具浅黄色或白色斑纹外，其余为黑色。

（2）卵。短桶形，淡黄白至鲜黄白色，将孵化时为橘红色。

（3）若虫。若虫共5龄，末龄体长7.5～12.5mm，宽5.4～6.1mm。前翅芽伸至第3腹节前缘，腹部两侧有一半圆形红色斑纹。

2. 分布与为害

稻绿蝽是一种世界性害虫。在我国柑橘和水稻产区几乎均有分布。

稻绿蝽为害虫态为若虫和成虫，为害部位为叶片和嫩茎。成、若虫吸食寄主嫩茎、花蕾、叶片的汁液，幼苗受害，犹如火烧状焦萎；成株期受害，叶片枯黄、枯死、提前落叶，影响景观，影响植株生长。

3. 发生规律

稻绿蝽在海南地区一年可发生5代左右，田间各世代发生比较整齐一致。主要以成虫在房屋瓦下及田间土隙和枯枝落叶下越冬。翌年3—4月，越冬成虫陆续飞出，在附近的早稻、玉米、花生、豆类、芝麻等作物上产卵，第1代若虫在这些作物上为害。成虫5—6月出现，7月中旬杂交稻制种父母本抽穗扬花至乳熟期，出现第1代成虫及第2代若虫集中为害稻穗。卵产于稻叶上，排列2～6行，每行卵块共有卵30～60粒。若虫孵化后，先群集于卵壳附近，到2龄后逐渐分散，集中为害稻穗，只有太阳猛烈、气温高时移至稻株基部。水稻黄熟以后，又转移到花生、芝麻等作物上继续为害。

4. 防治措施

（1）农业防治。参照稻纵卷叶螟。

（2）化学防治。

①选用10%大功臣可湿性粉剂等特效药物，适时全面防治：即在孕穗末期每

公顷用10%大功臣可湿性粉剂20~30g，兑水900kg喷雾，效果很好。

②柴油乳剂制法：用洗衣粉50mL加水0.5kg，加热至90℃左右，边搅边将60℃的柴油0.5kg慢慢滴入洗衣粉液中，待油水充分乳化，分不出油层即成。用乳剂0.5kg加水125~150kg，再加敌百虫100~150mL，每亩喷药水50kg。

（3）物理防治。

①灯光诱杀：可用黑光灯、汽灯、煤油灯或柴油竹筒火把流动诱杀，以黑光灯效果最好，汽灯次之。在21时以前，效果最好，21时以后扑灯较少。用竹筒火把或火篮行入田中，边行边赶，使虫起飞扑火，效果更好。

②理化诱杀：用草把或较柔嫩的树叶浸入已腐熟的人尿或牛尿中，9h后取出，挂于田边高于水稻顶部60~90cm，害蝽来集时，用网套入草把将虫捉去，每隔3~4h兜捉一次，可以消灭不少。每亩田可装5~10把。虫多时每把每次可消灭100~200头。

③网捕：用普通捕虫网在未抽穗田捕捉，效果最好。也可以做成两个人拉的大网捕捉，效果更好。

④粘捕：用一块竹蔓，两面涂胶（用桐油、松香煮成），在田间左右摆动以捕捉成虫，每日可粘到七八百只。

⑤火攻：当害蝽聚集山边灌木林时，采用火攻。用土火焰喷射器或柴油竹筒火把烧杀虫群。

（4）生物防治。

①卵期寄生天敌：蝽黑卵蜂和稻蝽沟卵蜂等。

②捕食性天敌：瓢虫、蜻蜓、蜘蛛、青蛙、蜥蜴等。

（十一）稻棘缘蝽

稻棘缘蝽［*Cletus punctiger*（Dallas）］隶属于半翅目（Hemiptera）缘蝽科（Coreidae）。

1. 形态特征

（1）成虫。体长9.5~11mm，宽2.8~3.5mm，体黄褐色，狭长，刻点密布。头顶中央具短纵沟，头顶及前胸背板前缘具黑色小粒点，触角第1节较粗，长于第3节，第4节纺锤形。复眼褐红色，单眼红色。前胸背板多为一色，侧角细长，稍向上翘，末端黑。

（2）卵。长1.5mm，似杏核，全体具珠泽，表面生有细密的六角形网纹，卵底中央具一圆形浅凹。

（3）若虫。共5龄，3龄前长椭圆形，4龄后长梭形。5龄体长8~9.1mm，宽

3.1 ~ 3.4mm，黄褐色带绿，腹部具红色毛点，前胸背板侧角明显生出，前翅芽伸达第4腹节前缘。

2. 分布与为害

稻棘缘蝽分布于中国、东南亚、南亚水稻种植区。

成、若虫主要为害寄主穗部。以口针刺吸汁液、浆液，刺吸部位形成针尖大小褐点，严重时穗色暗黄、无光泽，导致千粒重减轻、米质下降。

3. 发生规律

稻棘缘蝽在热带地区可一年发生4代以上，在海南地区无越冬现象。成、若虫喜在白天活动，中午栖息在阴凉处，羽化后10d多在白天交尾，2 ~ 3d后把卵产在叶面，昼夜都产卵，每块5 ~ 14粒排成单行，有时双行或散生，产卵持续11 ~ 19d，卵期8d，每雌产卵76 ~ 300粒。禾本科植物多时发生重。早熟或晚熟生长茂盛稻田易受害，近塘边、山边及与其他禾本科、豆科作物近的稻田受害重。

4. 防治措施

参照稻绿蝽。

（十二）大稻缘蝽

大稻缘蝽 [*Leptocorisa acuta*（Thunberg）] 隶属于半翅目（Hemiptera）细缘蝽科（Coreidae）。

1. 形态特征

（1）成虫。体长16 ~ 19mm，宽2.3 ~ 3.2mm，草绿色，体上黑色小刻点密布，头长，侧叶比中叶长，向前直伸。头顶中央有一短纵凹。触角第1节端部略膨大，约短于头胸长度之和。喙伸达中足基节间，末端黑。前胸背板长，刻点密且显著，浅褐色，侧角不突出较圆钝。前翅革质部前缘绿色，余茶褐色，膜质部深褐色。雄虫的抱器基部宽，端部渐尖削略弯曲。

（2）卵。黄褐至棕褐色，长1.2mm，宽0.9mm，顶面观椭圆形，侧面看面平底圆，表面光滑。

（3）若虫。共5龄。第1龄：初离卵壳，色淡绿，触角、足桃红，后转为咖啡色。头长，体短，头顶钝圆。复眼红色。口器分节已明显，黑褐色，长过身体。初孵出时体长1.5mm，腹部很短，取食后才渐延长，翅芽全未现，臭腺亦不易辨别，至将蜕皮时长达2.5mm。第2龄：体细长。淡绿，头长、钝圆、眼赤。触角4节，色与第1龄同，约为体长1.5倍。腹部尖枪形，草绿色。臭腺肉眼尚难辨。翅芽未现。足咖啡色，3对同长，被有细毛。体长2 ~ 2.5mm，至将蜕皮时长6mm。第3龄：体色与第2龄相似。体长约8.5mm。翅芽已微现。腹背第4~5节后缘的臭腺已明显，作新月状，土黄色。第4龄：全体绿色。头长，前头伸出，两侧片呈纺锤状平列，相交于中片的前方。触角4节，咖啡色，第2节中部和第4节基部黄色，密被细毛。复眼赤色，单眼二，在复眼后方，互相靠近。前胸背板近方形，近前缘有横沟1条，小盾片三角形，末端尖锐。翅芽已发达，绿色，尖端微黄，伸达腹背第2节的后缘。臭腺呈扁圆形，微突，土黄色。足淡红色，后足比前中足略长，跗节2节，末节黑褐色。腹面可见9节，均淡绿色。全体长12mm，宽1.6mm。第5龄：体色大致与第4龄同。体长约14.6mm。触角长11.5mm。前、中足长9.2mm，后足长11mm。喙长4mm。翅芽比第4龄更伸长，盖过第3腹节2/3。臭腺扁圆，土红色，两侧镶有眉状黑纹。腹背除去翅芽可见9节，腹面可见8节。

2. 分布与为害

大稻缘蝽在国外分布于印度、菲律宾、马来西亚、新加坡与越南，在我国广东、广西、海南、云南、台湾等地均有分布。

大稻缘蝽为害水稻的方法是，用针状的吸收口器刺入未至蜡熟期的谷粒，吸取养液；在扬花期间则刺入子房，破坏花器不能受精；在灌浆期间吸食米浆，形成秕粒，对水稻产量影响很大。

3. 发生规律

大稻缘蝽在海南一年可发生4代以上，以成虫在田间或地边杂草丛中或灌木丛中越冬。在云南、海南越冬成虫3月中下旬开始出现，4月上中旬产卵，6月中旬2代成虫出现为害水稻，7月中旬进入3代，8月下旬发生4代，10月上中旬个别出现5代。成虫历期60~90d，越冬代180d左右。若虫期15~29d。成、若虫喜在白天活动，中午栖息在阴凉处，羽化后10d多在白天交尾，2~3d后把卵产在叶面，昼夜都产卵，每块卵5~14粒排成单行，有时双行或散生，产卵持续11~19d，卵期8d，每雌产卵76~300粒。

禾本科植物多时发生重。平常年景，集中于特别早或晚抽穗的田块为害，造成点片发生。而大发生年则可大面积普遍受害。往往经过若干年便大猖獗一次。

4. 防治措施

参照稻绿蝽。

（十三）稻象甲

稻象甲〔*Echinocnemus squameus*（Billberg）〕隶属于鞘翅目（Coleoptera）

象虫科（Curculionidae）。

1. 形态特征

（1）成虫。体长5mm，暗褐色，体表密布灰褐色鳞片。头部伸长如象鼻，触角黑褐色，末端膨大，着生在近端部的象鼻嘴上，两翅鞘上各有10条纵沟，下方各有一长形小白斑。

（2）卵。椭圆形，长0.6~0.9mm，初产时乳白色，后变为淡黄色半透明而有光泽。

（3）幼虫。长9mm，蛆形，稍向腹面弯曲，体肥壮多皱纹，头部褐色，胸腹部乳白色，很像一颗白米饭。

（4）蛹。长约5mm，初乳白色，后变灰色，腹面多细皱纹。

2. 分布与为害

稻象甲分布于中国、日本、印度及东南亚一带。我国分布在北起黑龙江，南至广东、海南，西抵陕西、甘肃、四川和云南，东达沿海各地和台湾。

成虫为害水稻茎叶，幼虫为害根系，以幼虫为害为主。成虫以管状喙咬食秧苗心叶，受害轻的心叶抽出后呈现一排小孔，严重时断叶断心，形成"无头苗"，造成缺苗缺丛；为害3叶以后大苗，于齐水处蛀食，使心叶抽出可见"横排孔"；无水时在距泥面2~3cm处蛀洞，使心叶失水枯死。幼虫孵化后先咬食叶鞘组织，而后很快入土群聚于土下6cm内为害幼嫩须根，轻者稻株叶尖枯黄，生长缓慢，状如缺肥、坐蔸，影响水稻长势，虽可抽穗，但成穗不齐。严重时造成水稻成片枯萎、枯死，或穗小，谷粒细长，减产严重。一丛稻根下有幼虫10~100头。

3. 发生规律

稻象甲成虫具有扑灯、潜泳、钻土、喜甜味、假死和日潜夜出等习性。多在干松土缝内、田边杂草中、枝叶、稻桩上蛰伏；少量幼虫和蛹在表土下3~6cm深处稻丛须根边或筑室越冬。为害的主要时期，常依各地发生代数和耕作制度不同而略异。晴天多躲藏在秧苗茎部的株间或田埂的杂草丛中；成虫早、晚及阴天可整天取食为害，坠落水中后仍可游水重新攀株为害。雌虫在距水面3~4cm稻秧茎部及叶鞘上选一产卵处，先咬一小孔，然后产卵于孔内，每处产1粒至数粒不等。卵在水中能正常发育。初孵幼虫潜入土中，聚集于稻根部周围取食，绝大多数以产卵处的稻丛为中心，分布于直径12cm、深6cm的范围内。成虫惊动后可以假死或潜入水下为害，在田间可爬行迁移为害，或通过水流及风力传播到其他田块为害。

产卵习性：成虫以产卵器插进近水面稻株，将卵产在叶鞘中脉两侧的内外叶鞘间，每块卵为1~6粒，最多可达10~11粒，如将稻苗对光可隐约见卵。卵孵化后幼虫在叶鞘内进行短暂取食约经1d后即入土为害稻根。

幼虫在稻根中分布范围：离稻丛中心平均距离为3cm左右，幅度0.5~5cm；垂直分布，深度平均为2.25cm，幅度0.5~6cm；该范围为幼虫集中区，超过此距离则很少分布。

化蛹习性：老熟幼虫在稻田排水后3~5d，气温在15℃左右时，即开始化蛹。幼虫化蛹时向上移动至表土1~2cm处作土室，土表留有直径0.25cm左右的圆形羽化孔。

4. 防治措施

（1）农业防治。参照稻纵卷叶螟。

（2）化学防治。

①喷洒农药时，不仅要对秧苗喷药，还要对秧田周围杂草喷药，能起到较好的杀灭和阻隔作用，对为害较重的田块，可增加用药次数。

②为提高农药的防治效果，可随药配用农田有机硅助剂"展透"，既增加叶片的农药附着率，又增加农药对害虫的渗透性。

③早中稻本田防治稻象甲可选用锐劲特、毒死蜱、三唑磷等。也可用有机磷和菊酯类农药混剂兑水喷雾防治成虫取食叶片，拌毒土撒施防止幼虫为害水稻根部。

（3）物理防治。

①灯光诱杀：参照亚洲玉米螟。

②理化诱杀：用老酒：醋：水配成1:1:6的溶液浸草把，当平均气温在10℃左右时用草把可诱到成虫。

（十四）稻眼蝶

稻眼蝶［*Mycalesis gotama*（Moore）］隶属于鳞翅目（Lepidoptera）眼蝶科（Satyridae）。

1. 形态特征

（1）成虫。成虫体长15~17mm，翅展约47mm，背面暗褐色，前翅正面有2个蛇目状黑色圆斑，前面的斑纹较小；后翅反面有5~6个蛇目斑，近臀角1个特大。前后翅反面中央从前至后缘横贯1条黄白色带纹，外缘有3条暗褐色线纹。前足退化很小。

（2）卵。卵呈球形，大小0.8~0.9mm，米黄色，表面有微细网纹，孵化前

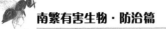

转为褐色。

（3）幼虫。老熟幼虫体长30mm，青绿色，头部褐色，头顶有1对角状突起，形似猫头。胸腹部各节散布微小疣突，尾端有1对角状突起，全体略呈纺锤形。

（4）蛹。蛹长15～17mm，初绿色，后变灰褐色，腹背隆起呈弓状，腹部第1～4节背面各具1对白点，胸背中央突起呈棱角状。

2. 分布与为害

稻眼蝶是一种水稻常见虫害，广泛分布于亚洲东部、南部。在我国河南、陕西以南，四川、云南以东各省均有分布。

稻眼蝶幼虫沿叶缘为害叶片成不规则缺刻，严重时常将叶片吃光，仅留禾苑部，似"刷把状"但不结苞，影响作物生长发育，造成减产。

3. 发生规律

稻眼蝶在华南地区一年可发生5～6代，世代重叠。其羽化多在6—15时，成虫白天活动，飞舞于花丛中采蜜，晚间静伏在杂草丛中，经5～10d补充营养，雌雄性成熟。交尾一般在14—16时最为旺盛，交尾后第2天开始产卵，将卵散产在叶背或叶面，产卵期约30d，每雌平均产卵90多粒，多的可达166粒。腹中遗卵多的可达46粒，少的仅7粒。成虫产卵必须补充营养，缺乏补充营养的成虫不能产卵，并且寿命较短。稻眼蝶在山区丘陵地带发生较多。早、晚稻生长期间均可受其害，但一般晚稻受害较重。幼虫在3龄前活动力弱，食量少，3龄后食量大增，取食量亦随虫龄的增大而增加，4～5龄期食叶量占总量的80%以上。幼虫取食时沿叶缘吃成缺刻，有时把稻叶咬断。整个幼虫期为害16～20片稻叶。特别取食水稻剑叶，对产量影响较大。田间观察稻眼蝶幼虫除为害水稻外，还能取食游草等禾本科杂草。老熟幼虫虫体缩短，渐变透明，多爬至稻株下部吐丝，卷曲倒挂在叶片上，蜕皮化蛹。蛹像灯笼一样吊掉在叶鞘上，初为淡绿色，气温达22～28℃时，化蛹后5～6h即出现气孔和背上的白点。化蛹后半天可看到翅边开始变淡黄，并呈现翅膀上的圆圈，然后整个蛹变褐色或黑色，最后全部变灰，且腹部拉长到1.3～1.4cm再破壳而出。靠近嫩绿禾苗等地的卵粒多，为害也较重。卵散产，在田间随机分布，多产在披散的中下部叶片的反面。卵块粒数不定，田间大多数是2～4粒一块。孵化率一般80%，高的可达90%，越产在前面的，孵化率越高，相反越低。

4. 防治措施

参照稻纵卷叶螟、亚洲玉米螟。

（十五）直纹稻弄蝶

直纹稻弄蝶［*Parnara guttata*（Bremert et Grey）］隶属于鳞翅目（Lepidoptera）弄蝶科（Hesperiidae）。

1. 形态特征

（1）成虫。体长17～19mm，翅展28～40mm，体和翅黑褐色，头胸部比腹部宽，略带绿色。前翅具7～8个半透明白斑排成半环状，下边一个大斑。后翅中间具4个白色透明斑，呈直线或近直线排列。翅反面色浅，斑纹与正面相同。

（2）卵。褐色，半球形，直径0.9mm，初灰绿色，后具玫瑰红斑，顶花冠具8～12瓣。

（3）幼虫。末龄幼虫体长27～28mm，头浅棕黄色，头部正面中央有"山"字形褐纹，体黄绿色，背线深绿色，臀板褐色。

（4）蛹。淡黄色，长22～25mm，近圆筒形，头平尾尖。

2. 分布与为害

直纹稻弄蝶广泛分布于中国、日本、朝鲜、马来西亚等地，在我国各稻区均有分布。

直纹稻弄蝶以幼虫吐丝缀叶作苞，咬食叶片形成缺刻，严重时可吃光稻叶，水稻因光合作用受影响导致植株矮小、千粒重下降，对产量影响很大。

3. 发生规律

直纹稻弄蝶在广东、海南、广西一年发生6～8代。在南方稻区其幼虫通常在避风向阳的田、沟边、塘边及湖泊浅滩、低湿草地等处的李氏禾及其他禾本科杂草上越冬，或在晚稻禾丛间或再生稻下部根丛间、茭白叶鞘间越冬。幼虫白天多在苞内，清晨前或傍晚，或在阴雨天气时常爬出苞外取食，咬食叶片，不留表皮，大龄幼虫可咬断稻穗小枝梗。成虫日间活动，飞行力极强，需补充营养，嗜食花蜜；有趋绿产卵的习性，喜在生长旺盛、叶色浓绿的稻叶上产卵；卵散产，多产于寄主叶的背面，一般1叶仅有卵1～2粒；少数产于叶鞘。单雌产卵量平均约200粒。所以，在山区稻田、新稻区、稻棉间作区或湖滨区大量发生，为害较重。

4. 防治措施

参照稻纵卷叶螟、亚洲玉米螟。

三、棉花害虫

（一）棉铃虫

棉铃虫［*Helicoverpa armigera*（Hübner）］隶属于鳞翅目（Lepidoptera）夜蛾科（Noctuidae）。

1. 形态特征

（1）成虫。体长15～20mm，翅展27～38mm。雌蛾赤褐色，雄蛾灰绿色。前翅翅尖突伸，外缘较直，斑纹模糊不清，中横线由肾形斑下斜至翅后缘，外横线末端达肾形斑正下方，亚缘线锯齿较均匀。后翅灰白色，脉纹褐色明显，沿外缘有黑褐色宽带，宽带中部2个灰白斑不靠外缘。前足胫节外侧有1个端刺。雄性生殖器的阳茎细长，末端内膜上有1个很小的倒刺。

（2）幼虫。老熟幼虫长40～50mm，初孵幼虫青灰色，以后体色多变，分4个类型。

①体色淡红，背线，亚背线褐色，气门线白色，毛突黑色。

②体色黄白，背线，亚背线淡绿，气门线白色，毛突与体色相同。

③体色淡绿，背线，亚背线不明显，气门线白色，毛突与体色相同。

④体色深绿，背线，亚背线不太明显，气门线淡黄色。头部黄色，有褐色网状斑纹。

虫体各体节有毛片12个，前胸侧毛组的L1毛和L2毛的连线通过气门，或至少与气门下缘相切。体表密生长而尖的小刺。

（3）蛹。长13～23.8mm，宽4.2～6.5mm，纺锤形，赤褐至黑褐色，腹末有一对臀刺，刺的基部分开。气门较大，围孔片呈筒状突起较高，腹部第5～7节的背面和腹面的前缘有7～8排较稀疏的半圆形刻点。入土5～15cm化蛹，外被土茧。

（4）卵。近半球形，底部较平，高0.51～0.55mm，直径0.44～0.48mm，顶部微隆起。初产时乳白色或淡绿色，逐渐变为黄色，孵化前紫褐色。卵表面可见纵横纹，其中伸达卵孔的纵棱有11～13条，纵棱有2岔和3岔到达底部，通常26～29条。

2. 分布与为害

分布于北纬50°至南纬50°的亚洲、大洋洲、非洲及欧洲各地。中国棉区和蔬菜种植区均有发生，其中黄河流域棉区、辽河流域棉区和西北内陆棉区为常发区，长江流域棉区为间歇性发生区。

棉铃虫为害棉花时，主要以幼虫蛀食棉花的蕾、花、铃。蕾被蛀食后苞叶张开发黄，2～3d后脱落；花的柱头和花药被害后，不能授粉结铃；青铃被蛀成空洞后，常诱发病菌侵染，造成烂铃。幼虫也食害棉花嫩尖和嫩叶，形成孔洞和缺刻，造成无头棉，影响棉花的正常发育。

3. 发生规律

棉铃虫在北纬25°以南地区一年可发生6～7代，以第3～5代为害严重。各地一般均以蛹在土中越冬。棉铃虫属喜温喜湿性害虫，成虫产卵适温在23℃以上，20℃以下很少产卵；幼虫发育以25～28℃和相对湿度75%～90%最为适宜。雌成虫有多次交配习性，羽化当晚即可交尾，2～3d后开始产卵，产卵历期6～8d。产卵多在黄昏和夜间进行，喜欢产卵于嫩尖、嫩叶等幼嫩部分。卵散产，第1代卵集中产于棉花顶尖和顶部的3片嫩叶上，第2代卵分散产于蕾、花、铃上。单雌产卵量1 000粒左右，最多达3 000粒。成虫需在蜜源植物上取食作补充营养，第1代成虫发生期与番茄、瓜类作物花期相遇，加之气温适宜，产卵量大增，使第2代棉铃虫成为发生最严重的世代。幼虫有转株为害习性，转移时间多在9时和17时。老熟幼虫在入土化蛹前数小时停止取食，多从棉株上滚落地面。在原落地处1m范围内寻找较为疏松干燥的土壤钻入化蛹，因此，在棉田畦梁处入土化蛹最多。

4. 防治措施

（1）农业防治。

①种植抗虫品种：如转Bt基因抗虫棉。

②合理布局作物：棉花与小麦、油菜、玉米等合理间作套种，可以丰富棉田天敌资源。

③耕地灭蛹：冬季深翻冬灌，破坏蛹室，结合冬灌，可使越冬蛹窒息死亡。麦收后及时中耕灭茬，可降低成虫的羽化率。

④人工除虫：成虫产卵盛期结合对棉花进行整枝、摘心、抹赘芽、剪空果枝等，将去除的幼嫩部分带出棉田外销毁，可以消灭大量卵和幼虫。

（2）化学防治。

①产卵盛期：在棉田喷洒2%过磷酸钙浸出液，具有驱蛾产卵、减轻为害的作用。

②幼虫低龄期：及时控制其为害，可选用甲基对硫磷、杀灭菊酯等药剂喷雾防治。

（3）物理防治。参照玉米螟。

（4）生物防治。参照黏虫。

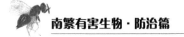

（二）棉蚜

棉蚜［*Aphis gossypii*（Glover）］隶属于同翅目（Homoptera）蚜科（Aphididae）。

1. 形态特征

（1）成虫。棉蚜分为有翅型和无翅型。无翅胎生雌蚜体长不到2mm，身体有黄、青、深绿、暗绿等色。触角约为身体一半长。复眼暗红色。腹管黑青色，较短。尾片青色。有翅胎生蚜体长不到2mm，体黄色、浅绿或深绿。触角比身体短。翅透明，中脉3岔。

（2）若虫。无翅若蚜与无翅胎生雌蚜相似，但体较小，腹部较瘦。有翅若蚜形状同无翅若蚜。若虫一生要蜕皮5次。由卵孵化到第1次蜕皮为1龄，以后每蜕皮1次，增加1龄。2龄出现翅芽，向两侧后方伸展，端半部灰黄色。腹部圆形以后，翅芽显著，至此变为成虫。

（3）卵。初产时橙黄色，6d后变为漆黑色，有光泽。

2. 分布与为害

棉蚜为世界性棉花害虫，我国各棉区均有发生。

棉蚜以刺吸口器插入棉叶背面或嫩头部分组织吸食汁液，受害叶片向背面卷缩，叶表有蚜虫排泄的蜜露（油腻），并往往滋生霉菌。棉花受害后植株矮小、叶片变小、叶数减少、根系缩短、现蕾推迟、蕾铃数减少、吐絮延迟。

3. 发生规律

棉蚜发生适温17～24℃，相对湿度低于70%。一熟棉田、播种早的棉蚜迁入早，为害重，棉花与麦、油菜、蚕豆等套种时，棉蚜发生迟且轻。棉蚜在棉田按季节可分为苗蚜、伏蚜和秋蚜。

①苗蚜：发生在出苗到6月底，5月中旬至6月中下旬至现蕾以前，进入为害盛期。棉蚜适应偏低的温度，气温高于27℃繁殖受抑制，虫口迅速降低。

②伏蚜：发生在7月中下旬至8月，适应偏高的温度，27～28℃大量繁殖，当日均温高于30℃时，虫口数量才减退。大雨对棉蚜抑制作用明显。多雨的年份或多雨季节不利其发生，但时晴时雨的天气利于伏蚜迅速增殖。一般伏蚜4～5d就增殖1代，苗蚜需10多天繁殖1代，田间世代重叠。有翅蚜对黄色有趋性。

③秋蚜：9—10月棉花吐絮期，因气候、施肥、喷药等因素，棉蚜虫口密度迅速增长，造成严重为害且增加了越冬卵量。

4. 防治措施

（1）农业防治。

①灭杀虫源：冬、春两季铲除田边、地头杂草，早春往越冬寄主上喷洒氧

化乐果，消灭越冬寄主上的蚜虫。

②棉麦套种：棉田中播种或地边点种春玉米、高粱、油菜等，招引天敌控制棉田蚜虫。

（2）化学防治。20%丁硫克百威乳油6 000倍液、氨基甲酸酯类的20%灭多威和有机氯类的35%赛丹乳油1 500倍液是防治棉蚜的高效药剂。

①种子处理：用含有呋喃丹或灭蚜松的种衣剂包衣播种后可有效地防止棉蚜的为害。也可用3%呋喃丹颗粒剂施于播种沟内，然后覆土。还可用10%吡虫啉有效成分50～60g拌棉种100kg。

②药液滴心：用40%久效磷乳油或50%甲胺磷乳油、40%氧化乐果乳油150～200倍液，每亩用兑好的药液1～1.5kg，用喷雾器在棉苗顶心、3～5cm高处滴心1s，使药液似雪花盖顶状喷滴在棉苗顶心上即可。

③药液涂茎：用40%久效磷或50%甲胺磷乳油20mL，田菁胶粉1g或聚乙烯醇2g，兑水100mL搅匀，于成株期把药液涂在棉茎的红绿交界处，不必重涂，不要环涂。

（三）朱砂叶螨

朱砂叶螨［*Tetranychus cinnabarinus*（Boisduval）］隶属于蜱螨目（Arachnoidea）叶螨科（Tetranychidae）。

1. 形态特征

（1）成螨。体色变化较大，一般呈红色，也有褐绿色等。足4对。雌螨体长0.38～0.48mm，卵圆形。体背两侧有块状或条形深褐色斑纹。斑纹从头胸部开始，一直延伸到腹末后端；有时斑纹分隔成2块，其中前一块大些。雄虫略呈菱形，稍小，体长0.3～0.4mm。腹部瘦小，末端较尖。

（2）若螨。初孵幼螨体呈近圆形，淡红色，长0.1～0.2mm，足3对。幼螨蜕1次皮后为第1若螨，比幼螨稍大，略呈椭圆形，体色较深，体侧开始出现较深的斑块。足4对，此后雄若螨即老熟，蜕皮变为雄成螨。雌性第1若螨蜕皮后成第2若螨，体比第1若螨大，再次蜕皮才成雌成螨。

（3）卵。圆形，直径0.13mm。初产时无色透明，后渐变为橙红色。

2. 分布与为害

朱砂叶螨属世界性害螨，在我国各地棉区均有分布。

朱砂叶螨的若虫、成虫均能为害棉花，在棉花叶面的背部刺吸汁液，进而导致叶面出现黄斑以及红叶、落叶等症状。

3.发生规律

在我国南方棉区，朱砂叶螨每年能发生20代以上，其发育适宜温度为29～31℃，相对湿度为35%～55%。朱砂叶螨从杂草或其他作物迁移到棉苗上之后，就在棉花整个生长季节繁殖为害，直到秋末冬初，越冬雌成虫的体色转为橙红色（越冬色）后，就不再取食，在植株根茎附近的土块缝隙、树皮裂缝或棉秸、枯叶中越冬。在多数情况下，是由几个或几百个群集在一起越冬，少数也有散居越冬的。春季气温达10℃以上，越冬雌螨即开始大量繁殖。先在杂草或其他寄主上取食，繁殖1～2代后，靠爬行或风雨传播扩散到花生田、棉田或果树上为害。在繁殖数量过多、食料不足时常在叶端群集成团，滚落地面，被风刮走，向四周爬行扩散。其扩散和迁移主要靠爬行、吐丝下垂或借风力传播，也可随水流扩散。雌螨为两性繁殖，雌、雄螨一生可多次交配；成螨羽化后即交配，第2天即可产卵，每雌能产50～110粒，多产于叶背。可孤雌生殖，其后代多为雄性。

4.防治措施

（1）农业防治。合理安排轮作的作物和间作、套种的作物，避免叶螨在寄主间相互转移为害。以水旱轮作效果最好。加强田间管理，保持田园清洁，及时铲除田边杂草及枯枝老叶并烧毁，减少虫源。干旱时应注意灌水，增加田间湿度，不利于其繁殖和发育。结合田间管理，发现叶螨时，顺手抹掉；若螨量多时，将叶片摘下处理。若整株上螨多时，可将其拔除，带到田外处理。收获后，及时清除田间残枝、落叶和杂草，集中烧毁。有条件的地方可进行深翻、冬灌，深翻要达30cm以上，冬灌保持田间水深16mm，可杀死一半以上虫口数量。

（2）化学防治。当棉田被害株率达20%或田间点片发生时，喷洒药剂防治。药剂可选用15%扫螨净乳油2 500～3 000倍液，或73%克螨特乳油2 000倍液，或20%甲氰菊酯乳油2 000倍液，或20%复方浏阳霉素乳油1 000倍液，或20%螨克乳油2 000倍液，或5%卡死克乳油2 000倍液，或2.5%功夫乳油4 000倍液，或2.5%天王星乳油3 000倍液，或5%尼索朗乳油2 000倍液，或1.8%阿维菌素乳油4 000倍液，或10%吡虫啉可湿性粉剂1 500倍液，或20%三氯杀螨醇乳油1 000～1 500倍液。隔7～10d喷1次，连续2～3次。喷药要均匀，注意要喷到叶背面；另外，对田边的杂草等寄主植物也要喷药，防止其扩散。

（3）生物防治。

①以虫治螨：如深点食螨瓢虫、小花蝽、六点蓟马、草蛉。

②以螨治螨：如植绥螨。

③以菌治螨：如白僵菌。

（四）扶桑绵粉蚧

扶桑绵粉蚧［*Phenacoccus solenopsis*（Tinsley）］隶属于同翅目（Homoptera）粉蚧科（Pseudococcidae）。

1. 形态特征

（1）雄成虫。羽化后从包裹蛹的白色丝茧后端开口退出来，虫体较小，黑褐色，长（1.24±0.09）mm，宽（0.30±0.03）mm。头部略窄于胸部，于胸部交界处明显溢缩，眼睛突出，红褐色；口器退化；触角细长，丝状，10节，每节上均有数根短毛；胸部发达，具1对发达透明前翅，翅脉简单，其上附着一层薄薄的白色蜡粉，后翅退化为平衡棒；足细长，发达；腹部较细长，圆筒状，腹末端具有2对白色长蜡丝，交配器突出呈锥状。

（2）雌成虫。卵圆形，刚蜕皮时身体淡绿色，胸、腹背面的黑色条斑明显，体长（2.77±0.28）mm，宽（1.30±0.02）mm；随着取食时间延长，体色加深，身体变大，体表白色蜡粉较厚实，胸、腹背面的黑色条斑在蜡粉覆盖下呈成对黑色斑点状，其中胸部可见1对，腹部可见3对；体缘蜡突明显，其中腹部末端2～3对较长；在与雄成虫配对之后，临近产卵之前，其体长可达（3.50±0.32）mm，宽（1.84±0.14）mm，而到了生殖期，其身体尺寸甚至达4.00～5.00mm（体长），2.00～3.00mm（体宽）。

（3）卵。长椭圆形，橙黄色，略微透明，长（0.33±0.01）mm，宽（0.17±0.01）mm，集生于雌成虫生殖孔处产生的棉絮状的卵囊中。

（4）1龄若虫。初孵时体表平滑，淡黄绿色，头、胸、腹区分明显；足发达，红棕色；单眼半球形，突出呈红褐色；体长（0.43±0.03）mm，宽（0.19±0.01）mm。此后体表逐渐覆盖一层薄蜡粉，呈乳白色，身体亦逐渐圆润。

（5）2龄若虫。初蜕皮时黄绿色，椭圆形，体缘出现明显齿状突起，尾瓣突出，在体背亚中区隐约可见条状斑纹；体长（0.80±0.09）mm，宽（0.38±0.04）mm。取食1～2d，身体明显增大，体表逐渐被蜡粉覆盖，体背的条状斑纹亦逐渐加深变黑。到了末期，雌虫和雄虫可明显区分，雄虫体表蜡粉层比雌虫厚，几乎看不到体背黑斑。

（6）3龄若虫。此龄期仅限于雌虫。刚蜕皮的3龄若虫身体呈椭圆形，明黄色，体缘突起明显，在前、中胸背面亚中区和腹部1～4节背面亚中区均清晰可见2条黑斑；体长（1.32±0.08）mm，宽（0.63±0.05）mm。2～3d体表逐渐被蜡粉覆盖，腹部背面的黑斑比胸部背面的黑斑颜色深，体缘现粗短蜡突。到了3龄末期，其体长可达2.0mm左右，外表形似雌成虫。

（7）蛹。该龄期仅限于雄虫，相当于雌虫的3龄阶段，分为预蛹期和蛹期。

预蛹初期亮黄棕色，体表光滑，身体椭圆形，两端稍尖，腹部体节明显；随着时间延长，体色逐渐变深，呈浅棕色或棕绿色，此时体表开始分泌柔软的丝状物包裹身体，从而进入蛹期。蛹包裹于松软的白色丝茧中，剥去丝茧，可见蛹态为离蛹，浅棕褐色，单眼发达，头、胸、腹区分明显，在中胸背板近边缘区可见1对细长翅芽，此阶段体长（1.41±0.02）mm，宽（0.58±0.06）mm。

2. 分布与为害

该虫原产北美，1991年在美国发现为害棉花，随后在墨西哥、智利、巴西、阿根廷、尼日利亚、巴基斯坦、印度和泰国相继有报道发现。我国2008年在广州首次发现，2009年在海南、广东、广西、云南、福建、江西、湖南和浙江8省（区）棉花上发现。

以雌成虫和若虫吸食汁液为害；受害棉株生长势衰弱，生长缓慢或停止，失水干枯，亦可造成花蕾、花、幼铃脱落；分泌的蜜露诱发的煤污病可导致叶片脱落，严重时可造成棉株成片死亡。

3. 发生规律

扶桑绵粉蚧在热带地区可终年繁殖，世代重叠严重，繁殖量大，单头雌性成虫平均产卵在400～500粒，种群增长迅速。其若虫和成虫都以聚集分布为主，喜湿，26℃左右的温度条件有利于其大量发生，但连续35℃以上高温和长期多雨低温条件不利于其繁殖发育。1龄若虫行动活泼，从卵囊爬出后短时间内即可取食为害，并可从病株随风、水、动物、器械携带扩散至健康植株；长距离主要随棉花秸秆或种子传播。

4. 防治措施

（1）农业防治。

①实施水旱轮作，及时铲除农田杂草并集中烧毁。

②选用和培育抗虫能力强的优良品种。

③进行冬耕深翻，土壤消毒灭虫，减少翌年越冬的虫量，以防翌年大面积为害。

（2）化学防治。

①扶桑绵粉蚧1～2龄时虫体覆盖较少或不覆盖白色粉状物，在此时施药能达到较好的效果。

②棉花粉蚧寄主多，在对棉株进行喷药的同时，对田间、沟边、路边的其他植被也要同时喷药防治。

③田间发生严重的地方要向土壤施药，使药剂能够渗入根部，以消灭地下

种群。

④灭多威、毒死蜱、多杀霉素、阿维菌素、噻虫啉等农药对扶桑绵粉蚧各虫态均有较好的毒杀作用。25%吡虫啉可湿性粉剂1 500倍液和23%高效氯氟氰菊酯微囊悬浮剂1 500倍液，这2种药剂防治效果佳且毒性低，对农作物及生态环境安全，可作为防治药剂推广。

（3）物理防治。

①可采用捕杀法、诱杀法（灯光诱杀、毒饵诱杀、色板诱杀等）、阻隔法（纱网阻隔、土表覆膜、挖障碍沟、涂毒环等）。

②根据寄主的不同，适当采用人工刮除寄主重要部分的虫体和虫卵。

（4）生物防治。

①植物源农药：茶树、桉树、麝香草、欧薄荷和莎草的提取精油经实验室测定，对扶桑绵粉蚧毒杀效果较好。

②释放天敌：如班氏跳小蜂、粉蚧广腹细蜂和泽田长索跳小蜂等。

（五）斜纹夜蛾

斜纹夜蛾〔*Spodoptera litura*（Fabricius）〕隶属于鳞翅目（Lepidoptera）夜蛾科（Noctuidae）。

1. 形态特征

（1）成虫。成虫体长14～20mm，翅展35～46mm，体暗褐色，胸部背面有白色丛毛，前翅灰褐色，花纹多，内横线和外横线白色，呈波浪状，中间有明显的白色斜阔带纹。

（2）幼虫。幼虫体长33～50mm，头部黑褐色，胸部从乳白色到浅灰色到黄色到黑绿色，颜色多变，各种颜色都有，因环境条件变化而变化；体表散生小白点，中胸至第九腹节背面各有1对三角形的黑斑。

（3）蛹。长15～20mm，圆筒形，红褐色，尾部有1对短刺。

（4）卵。卵扁平，呈馒头状，初产黄白色，后变为暗灰色，块状黏合在一起，上覆黄褐色绒毛。

2. 分布与为害

斜纹夜蛾属世界性害虫。我国分布北起黑龙江、内蒙古、新疆，南抵我国台湾、海南、广东、广西、云南，东与朝鲜北境相接，西达新疆、西藏。长江流域及其以南地区密度大，黄河、淮河流域间歇成灾。

斜纹夜蛾初孵幼虫群集一起，在叶背取食叶肉，残留上表皮或叶脉，出现筛网状花叶，后分散为害，取食叶片和蕾铃，严重的把叶片吃光，食害蕾铃，造成烂铃或脱落。斜纹夜蛾为害花后，先食害花蕊，后食害花瓣，雄蕊、雌蕊、柱头被蛀害，花冠被吃或残缺不全。为害棉铃时，在铃的基部有1~3个蛀孔，孔径不规则，较大，孔外堆有大量虫粪，大铃表皮有被啃的痕迹。

3. 发生规律

斜纹夜蛾一年发生4代（华北）至9代（广东、海南），在热带地区可周年繁殖，无真正越冬现象。成虫和幼虫昼伏夜出，白天多潜伏在土缝处，傍晚爬出取食夜出活动，飞翔力较强，具趋光性和趋化性，对糖、醋、酒等发酵物尤为敏感。卵多产于叶背的叶脉分叉处，以茂密、浓绿的作物产卵较多，以逃避烈日烘烤；堆产，卵块常覆有鳞毛而易被发现。初孵幼虫具有群集为害习性，3龄以后则开始分散，当食料不足或不当时，幼虫可成群迁移至附近田块为害，故又有"行军虫"的俗称。老龄幼虫有假死性，遇惊就会落地蜷缩作假死状。该虫发育适温为29~30℃，一般高温年份和季节有利其发育、繁殖，低温则易引致虫蛹大量死亡。土壤含水量低于20%，幼虫不能正常化蛹，成虫将无法展翅。

4. 防治措施

（1）农业防治。参照玉米螟。

（2）化学防治。斜纹夜蛾高龄幼虫耐药性比较强，化学防治时应掌握治早治小、压低3代、巧治4代、挑治5代的防治策略，即在卵孵高峰至3龄幼虫分散前，用足药液量，均匀喷雾叶面及叶背，使药剂能直接喷到虫体和食物上，触杀、胃毒并进，增强毒杀效果。可选用10%虫螨腈、20%除虫脲、10%吡虫啉1 500~2 000倍液，10%氯氰菊酯、0.5%甲维盐、5%三氟氯氰菊酯、50%氰戊菊酯乳油2 000~3 000倍液，每隔7~10d喷1次，连续2~3次。

（3）物理防治。参照玉米螟。

（4）生物防治。参照黏虫。

（六）烟蓟马

烟蓟马［*Thrips alliorum*（Priesner）］隶属于缨翅目（Thysanoptera）蓟马科（Thripidae）。

1. 形态特征

（1）成虫。体长1.0~1.5mm，体黄褐色，背面色深。复眼紫红色，单眼3个，呈三角形排列，单眼间鬃靠近三角形连线外缘。触角7节，灰褐色，第2节色较浓，在第3~4节端部各有一角状感觉器。前胸背板两后角各有粗而长的鬃1对。翅狭长，淡黄色，透明，前翅端半部有前脉端鬃4~6根，后脉鬃14~17根，均匀排列。下腹部第2～8节背面前沿各有1条栗色横纹。

（2）若虫。若虫共4龄。1～2龄若虫体呈黄色，形似成虫，但无翅，活动力不强；2龄若虫成熟后入土蜕皮1次变3龄若虫，称前蛹，再蜕皮1次变为4龄若虫，称伪蛹，伪蛹形似若虫，但具明显翅芽，与1～2龄若虫有别。

（3）卵。由肾形到卵圆形，长0.3mm左右，初产乳白色，而后黄白色，透过卵壳可看到眼点。

2. 分布与为害

烟蓟马属世界性害虫，在我国各葱、烟草和棉花产区均有分布。

烟蓟马若虫以锉吸式口器为害寄主的叶片、生长点及花，多在叶脉两侧取食，造成银灰色斑纹。成虫多在寄主上部嫩叶反面活动、取食和产卵。植物绿色组织受害后，表面呈现密密麻麻长形的细小的灰白色斑点，花萼受害后则提早凋谢。受害后的寄主生长发育缓慢，叶片卷缩或皱缩，甚至干枯。

3. 发生规律

烟蓟马在华南地区一年可发生10～12代，气温在23～25℃，相对湿度在44%～70%时，适宜大量繁殖，形成灾害。久雨或暴雨、相对湿度在70%以上，则不利。地势低洼、排水不良、土壤潮湿，氮肥施用过多或过迟，株行间通风透光差，连坐地、田间及周围杂草多，都有利于虫害的发生和发展。成虫寿命8～10d，活泼善飞，借风迁移，对白色、蓝色有强烈的趋性，有趋嫩取食产卵的习性。白天畏光，多在叶背取食，早晚或阴天转移到叶面为害。田间雌虫多，常营孤雌生殖，卵多产在叶背皮下或叶脉内，每雌平均产卵约50粒，卵期6～7d。初孵幼虫集中在烟叶基部为害，稍大即分散。2龄若虫后期，常转向地下，在表土中经历"前蛹"及"蛹"期。

4. 防治措施

（1）农业防治。一是清除田间残株落叶，集中处理，可减少虫源。二是加强中耕管理，及时灌水和中耕除草，以恶化蓟马的生存环境。三是采取"测土配方"技术，科学施肥，增施磷钾肥，重施基肥、有机肥，促使植株健壮，增强植株抗性，有利于减轻虫害。

（2）化学防治。初孵期和若虫聚集为害期是防治的有利时机，分别用20%的杀灭菊酯乳油2 000～3 000倍液、2.5%的敌杀死乳油1 500～2 000倍液、50%的灭蚜松乳油1 000～1 500倍液，隔4～8d喷1次，连喷2～3次。在成虫和若虫发生盛期，可选用10%吡虫啉可湿性粉剂2 000～3 000倍液或锐高1号乳油2 000～2 500倍液进行防治。

（3）物理防治。生产上可采用450nm的蓝色或510nm的蓝绿色诱虫灯（板）对其进行监测和物理诱控。

（4）生物防治。既充分利用当地天敌，又要考虑引进新的天敌种类，同时做好风险评估。

①捕食性天敌：小花蝽、窄姬猎蝽、拟灰猎蝽、草蛉、蜘蛛等。

②引进天敌：如钝绥螨、虫生真菌和线虫。

（七）烟粉虱

烟粉虱［*Bemisia tabaci*（Gennadius）］隶属于半翅目（Hemiptera）粉虱科（Aleyrodidae）。

1. 形态特征

（1）成虫。体长约1mm，全体及翅有细微的白色蜡质粉状物。复眼肾脏形，单眼2个，靠近复眼。触角发达，7节。喙从头部下方后面伸出。跗节2节，约等长，端部具2爪。翅2对，休息时呈屋脊形，翅脉简单。

（2）若虫。烟粉虱若虫为淡绿色至黄色，1龄若虫有足和触角，能活动；在2~3龄时，烟粉虱的足和触角退化至只有一节，固定在植株上取食；3龄若虫蜕皮后形成伪蛹，蜕下的皮硬化成蛹壳。

（3）伪蛹。蛹壳呈淡黄色，长0.6~0.9mm，边缘薄或自然下垂，无周缘蜡丝，背面有17对粗壮的刚毛或无毛，有2根尾刚毛。在分类上，伪蛹的主要特征为瓶形孔长三角形，舌状突长匙状，顶部三角形，具有1对刚毛，尾沟基部有5~7个瘤状突起。

（4）卵。长0.2mm左右，弯月形，以短柄黏附并竖立在棉叶背面，初产时黄白色，近孵化时变黑色。

2. 分布与为害

烟粉虱在南美洲、欧洲、非洲、亚洲、大洋洲的很多国家和地区都有分布。在我国分布于广东、广西、海南、福建、云南、上海、浙江、江西、湖北、四川、陕西、台湾、新疆、河北、天津、山东、北京、山西、安徽、贵州等地。

烟粉虱为害初期，植株叶片出现白色小点，沿叶脉变为银白色，后发展至全叶呈银白色，如镀锌状膜，光合作用受阻，严重时植株除心叶外的多数叶片布满银白色膜，导致植株生长缓慢，叶片变薄，叶脉、叶柄变白发亮，呈半透明状。幼瓜、幼果受害后变硬，严重时脱落，植株萎缩。烟粉虱以成虫、若虫刺吸植株使其长势衰弱，叶片呈银叶症状，产量和品质下降，同时还分泌蜜露，引发煤污病，发生严重时，叶片呈黑色，严重影响植株光合作用和花卉观赏效果，甚至整株死亡。

3. 发生规律

烟粉虱在我国南方可常年为害，不需要越冬，一年发生11～15代，繁殖速度快，世代重叠。该虫适宜繁殖的温度在25℃左右，在此温度条件下，卵期约5d，若虫期15d，成虫寿命30～60d，完成1个世代仅需19～27d。气温低于12℃停止发育，15℃开始产卵，气温21～33℃，随气温升高，产卵量增加，高于40℃成虫死亡。因此，干旱少雨、日照充足的年份发生早，发生严重，持续为害时间长。成虫产卵于棉株上中部的叶片背面，每雌产卵120粒左右。成虫喜在温暖无风的天气活动，有趋黄的习性。

4. 防治措施

（1）农业防治。

①加强栽培管理：宜采取"育苗保苗圃、治苗圃保大田、前期保后期"的防治策略，以培育无虫苗为中心，在棚室生产中要把育苗室和生产网室分开，育苗前彻底熏杀残余虫口。

②棚室花卉在定植前要彻底清除前茬作物的残株和茎叶、杂草。在通风口安装密封尼龙纱控制外来虫源。

③棚室生产要合理安排茬口，尽量避免仙客来、瓜叶菊、黄瓜、番茄、菜豆等混栽。

（2）化学防治。

①喷雾法：可选用10%烯啶虫胺水溶性液剂750～1 000倍液，或20%啶虫脒乳油1 500～2 000倍液，或25%比蚜酮悬浮剂2 500～4 000倍液，或25%噻虫嗪水分散粒剂2 500～4 000倍液，或24%螺虫乙酯悬浮剂2 000～3 000倍液，或25%联苯菊酯乳油1 500～3 000倍液等，对叶片正反两面均匀喷雾，每7～10d 1次，连续防治2～3次，以早晨6—7时施药为宜。以防治若虫为主时，可选用25%噻嗪酮可湿性粉剂1 000倍液喷雾。对于世代重叠严重（成虫、若虫、卵）且虫口基数高时，可亩用10%吡丙醚乳油60mL+25%噻嗪酮可湿性粉剂45g+10%烯啶虫胺水溶性液剂60mL，兑水45～60L，每隔5～7d喷1次，连续防治2～3次。

②熏烟法：保护地可每亩用22%敌敌畏烟剂300～400g，或3%高效氯氰菊酯烟剂250～350g，或10%异丙威烟剂300～400g，于傍晚点燃闭棚熏12h。烟粉虱发生盛期可先熏烟后喷药。

（3）物理防治。烟粉虱成虫有强烈的趋黄性，可悬挂黄板诱杀成虫，将1m×0.2m的废旧纤维板或纸板，涂制成橙黄色，再涂一层黏性油（10号机油加少许黄油调成），悬挂于行间（与植株同高），当黄板粘满烟粉虱时，再次涂抹黏性油，7～10d涂抹1次，一昼夜可诱杀成虫万只以上。

（4）生物防治。可选用丽蚜小蜂防治烟粉虱，当每株有粉虱0.5～1头时，每株放蜂3～5头，10d放1次，连续放蜂3～4次，并配合使用扑虱灵可达到较好的控制效果。

四、小结

南繁区地处低纬度，属热带海洋性季风气候区，高温高湿的自然环境加速了作物病虫害的滋生蔓延。随着三亚、陵水、乐东3市（县）南繁基地的建立，全国各地新的作物种类或品种不断地被引入种植，越来越多的亚热带、温带作物品种也在热区育种、制种，导致热带作物的种类或品种布局、栽培管理模式持续升级，加之玉米和棉花生产中长期不合理使用化学农药，虫害抗药性日趋严重致使虫害的种类、为害程度等持续加重，由原来的次要地位上升为主要地位并暴发成灾。面对这种形势，制定周详的重要虫害综合防治预案对南繁区玉米和棉花产业以及生态安全意义非常重大。

南繁区虫害发生总体呈现周年繁殖、世代重叠、寄主繁多的特点。因此防治上应统一协调，以农业防治为基础，化学防治为保证，生物和物理防治为辅，在防治策略上遵循治早、治少的原则，协调运用一切有效措施。

首先，应选用抗病虫品种，调整品种布局、选留健康种苗、轮作、深耕灭茬、调节播种期、合理施肥、及时灌溉排水、适度整枝打杈、做好田园卫生和安全运输贮藏等，以增强作物对病、虫、草害的抵抗力，创造不利于病原物、害虫和杂草生长发育或传播的条件，以控制、避免或减轻病、虫、草的为害。

其次，化学农药在作物病虫害的防治中起着关键性的作用，但应优化集成高效、低毒、低残留、环境友好型农药的轮换使用、交替使用、精准使用和安全使用。对虫口密度高、集中连片发生区域，抓住幼虫低龄期实施统防统治和联防联控；对分散发生区实施重点挑治和点杀点治。推广应用乙基多杀菌素、茚虫威、甲维盐、虱螨脲、虫螨腈、氯虫苯甲酰胺等。

再次，采用球孢白僵菌、绿僵菌、甘蓝夜蛾核型多角体病毒、苏云金杆菌等生物制剂早期预防幼虫，保护利用夜蛾黑卵蜂、螟黄赤眼蜂、蠋蝽等天敌，促进可持续治理。

最后，应加强理化诱控。在成虫发生高峰期，采取高空诱虫灯、性诱捕器以及食物诱杀等理化诱控措施，诱杀成虫、干扰交配，减少田间落卵量。

参考文献

陈海霞，朱明芬，许和水，等，2019. 应用糖醋液诱集鲜食玉米田小地老虎成虫试验[J]. 上海农业学报，35（6）：106-109.

陈万斌，王勤英，何康来，等，2020. 不同赤眼蜂品系对桃蛀螟卵的寄生功能反应和干扰效应[J]. 中国生物防治学报，36（3）：319-326.

程子硕，严小微，唐清杰，2019. 海南水稻虫害及关键防治技术[J]. 上海农业科技（6）：119-120，122.

狄佳春，赵亮，陈旭升，2019. 棉花对斜纹夜蛾与棉大卷叶螟的抗性分析[J]. 中国农学通报，35（20）：83-87.

符振实，白洪瑞，唐思琼，等，2020. 3种杀螨剂与双尾新小绥螨联合防治棉叶螨[J]. 新疆农业科学，57（6）：1127-1135.

何云川，王新谱，洪波，等，2021. 四种杀虫剂LC25对Q型烟粉虱成虫取食行为的影响[J]. 中国农业科学，54（2）：324-333.

林明江，许汉亮，管楚雄，等，2020. 甘蔗螟虫趋光性研究[J]. 环境昆虫学报，42（5）：1235-1241.

卢辉，吕宝乾，刘慧，等，2020. 海南区域性有害生物的风险分析[J]. 热带农业科学，40（S1）：38-42.

史艳芬，李钊，杨显华，等，2017. "三诱技术"防治水稻虫害示范效果评价[J]. 云南农业科技（6）：45-48.

孙斌，张志刚，王素平，等，2019. 14种悬浮种衣剂对玉米地下害虫、蚜虫和茎基腐病的防效评价[J]. 中国农学通报，35（24）：128-132.

孙晋玲，吕巍，邓晓丹，2019. 水稻虫害物理防治技术的推广[J]. 吉林农业（13）：76.

魏吉利，潘雪红，黄诚华，等，2019. 温度对甘蔗条螟生长发育和繁殖的影响[J]. 植物保护学报，46（6）：1277-1283.

杨晓杰，李姝，李为争，等，2020. 室内不同蜜源饲料种类对棉铃虫产卵的影响[J]. 华中昆虫研究，16：295-304.

杨一帆，2011. 常见的水稻病虫害及其防治措施[J]. 吉林农业（8）：78.

余峰，唐娅媛，张莉丽，等，2020. 球孢白僵菌对入侵性害虫扶桑绵粉蚧的防治效果[J]. 浙江农业科学，61（7）：1397-1398，1423.

翟浩，王丹，马亚男，等，2019. 糖醋酒液对桃园和苹果园中桃蛀螟的诱捕效果分析[J]. 植物保护学报，46（4）：894-901.

曾娟，2020. 中国小地老虎种群动态与发生为害演化趋势分析[D]. 北京：中国农业科学院.

庄宝龙，赵薇，裴海英，等，2020. 白僵菌菌株分离培养及对四种重要害虫的致病力[J]. 应用昆虫学报，57（6）：1417-1426.

第五章 南繁区病害防治

一、玉米病害

玉米是我国主要的粮食作物之一，在粮食生产中起着重要的作用，同时又是重要的饲料作物和工业原料，因此玉米在我国经济发展中占有重要地位。随着玉米种植面积的逐年增长，栽培模式向轻简化发展，生产上对抗病品种的需求日益迫切。海南省作为玉米育种扩繁加代的一个重要地区，玉米病害发生较为普遍。以下是南繁区主要玉米病害。

（一）玉米小斑病

1. 发病特征

玉米小斑病的主要发病部位是叶片、叶鞘、果穗、苞叶等。病斑呈褐色、椭圆形，病斑会受叶脉影响。叶片染病后，中间出现同心轮纹，边缘呈赤褐色。如果气候比较潮湿，病斑表层会生成一层黑色霉状物质。

2. 防治措施

一是摘除病叶，在发病初期，受损叶片数量较少，应立即摘下病叶，防止病菌扩散。病叶要带出田外进行焚烧，降低患病率。并且之后每隔7～10d摘下3～5片叶子，有新的病叶摘病叶，没有就摘老叶。这些措施要在短时间内大面积进行，不能哪株患病才管哪株。

二是摘除病叶后要及时增施磷、钾肥及水分，增强植株抗病力，促进植株生长。必要时还可施用药剂，采取化学防治措施。比如，发病初期可以喷洒70%甲基硫菌灵可湿性粉剂或者10%世高水分散粒剂2 500～3 000倍液，发病中期可加大喷洒力度和液体浓度，但发病末期没有有效的解决方法，所以一定要尽早进行防控。

（二）玉米大斑病

1. 发病特征

玉米大斑病多发生于气候凉爽的时节，最适宜发病的环境条件是相对湿度小于90%，温度20～25℃。通常玉米抽雄后易染病，发病初期先从植株下部叶片出现病变，然后迅速发展至上部叶片，发病叶片呈现水渍状斑点，沿着叶脉不断扩展，且不受叶脉影响，逐渐长成中间灰褐色的长梭形大斑。如果玉米田湿度较大，发病部位表面还会形成一层灰黑色霉状物质。

2. 防治措施

为有效防治玉米大斑病，需加强中耕除草，将干枯病叶和底部2～3片叶摘除，降低田间湿度，提高玉米植株抗病能力。玉米收获完成后，集中收集病残体秸秆，高温发酵后作为堆肥。在发病初期或抽雄期，喷洒50%福美双、10%苯醚甲环唑、50%多菌灵等药物，每次喷药间隔7～10d，连续喷洒2～3次。

（三）玉米圆斑病

1. 发病特征

玉米圆斑病菌主要为害玉米生长的中后期，为害部位有叶片、果穗、苞叶及叶鞘。在侵染初期叶片形成分散的水浸状浅绿色至黄色小斑点，侵染后期扩展成圆形或椭圆形的病斑，大小为（5～15）mm×（3～5）mm，中央浅褐色、边缘褐色，周围有黄绿色晕圈。偶尔也会形成长条线状斑，大小为（5～21）mm×（1～5）mm。随着病斑扩展，多个病斑常会连在一起。病斑表面也生黑色霉层，即病原菌的分生孢子梗。苞叶染病后出现深褐色病斑。叶鞘侵染最初呈褐色斑点，具有同心轮纹，后期病斑扩大连片，形成不规则大斑，在潮湿时，表面会产生黑色的霉层。玉米果穗也会被侵染，先侵染果穗的尖端，然后向下蔓延，到发病后期果穗籽粒呈煤污状或干腐状，籽粒表面着生黑色霉层，用手捻动籽粒即成为粉状物。

2. 防治措施

（1）种植抗病品种。种植抗病品种是防治病害最经济有效的方法，各玉米品种间对玉米圆斑病的抗病性差异较大。目前无对圆斑病的免疫品种，在推广的玉米品种中大多数对圆斑病表现为抗性，抗圆斑病的自交系和杂交种有铁丹8号、英55、辽1311、吉69、武105、武206、齐31、获白、H84、017、吉单107、春单34、荣玉188、正大2393和金玉608等。

（2）栽培防病。延后育苗，培育壮苗，适时晚播，错过发病高峰期；做好田园卫生，冬季深翻土地，有条件的地方可以采用水旱轮作；及时摘除病叶，减少再侵染菌源；高起垄，降低田间湿度；增施磷、钾肥，加强田间管理，增强植株抗病力。

（3）药剂防治。播种前用15%三唑酮可湿性粉剂按种子重量的0.3%进行拌种，拔节期用50%多菌灵可湿性粉剂500～600倍液或70%代森锰锌可湿性粉剂500～600倍液对叶片进行喷雾预防，一般喷雾1～2次，每隔7～10d喷1次；在玉米吐丝盛期（超过50%的果穗吐丝时），用25%粉锈宁可湿性粉剂500～600倍液，或50%多菌灵可湿性粉剂500～600倍液，或70%代森锰锌可湿性粉剂400～500倍液喷淋果穗，连续防治2～3次，每隔7～10d喷1次。

（四）玉米灰斑病

1. 发病特征

玉米灰斑病主要发生在玉米成株期的叶片、叶鞘及苞叶上。发病初期为水渍状淡褐色斑点，以后逐渐扩展为浅褐色条纹或不规则的灰色至褐色长条斑，这些条斑与叶脉平行延伸，病斑中间灰色，边缘有褐色线。病斑大小为（4～20）mm×（2～5）mm，到中后期多数病斑结合后使叶片变黄枯死，失去光合作用功能，湿度大时，病斑后期在叶片两面（尤其在背面）均可产生灰黑色霉状物，即病菌的分生孢子梗和分生孢子。病重时玉米叶片大部分变黄枯焦，果穗下垂，百粒重下降，严重影响玉米的产量和品质。

2. 防治措施

（1）选用抗病良种。通过近年引种试验与观察，较抗玉米灰斑病的品种有华兴单7号、华兴单88号、师单8号、云瑞47号、云瑞2号、云优78号、五谷3861号等适宜种植的品种，生产上应注意品种的合理布局和轮换，阻止病菌优势小种的形成，保持品种抗病性的相对持久和稳定。

（2）加强栽培管理。充分利用前期的光热资源使玉米危险期与发病高峰期错开，适时早播，提前收获，对玉米避病和增产有较明显的作用。

另外，与其他农作物套种，套种能改善田间的通风透光条件，减少荫蔽度，降低田间湿度，减少玉米灰斑病的发生。主要采用玉米套种魔芋、马铃薯的方式。

（3）药剂防治。通过玉米灰斑病药剂防治试验、示范的调查，防治效果最好是25%丙环唑，为73.65%～78.88%；其次是10%苯醚甲环唑，防治效果为65.62%～67.20%。结果表明玉米大喇叭口期是防治玉米灰斑病的关键时期，丙环唑类、苯醚甲环唑类两类药剂是防治玉米灰斑病效果较好的药剂，在生产上可以大面积推广使用。中部叶片发病或大喇叭口期用10%苯醚甲环唑1 500倍液、25%丙环唑3 000倍液兑水喷雾防治，亩用药液60～70kg，每10～15d喷1次，共喷2～3次，交替用药。也可用80%炭疽福美可湿性粉剂800倍液、75%百菌清可湿性粉剂500倍液，25%苯醚甲环唑乳油、25%嘧菌酯悬浮剂、40%福硅唑乳油等，任选1种兑水45～50kg喷雾防治，防治2～3次，间隔期为10d。还可在玉米开花授粉后或发病初期，用80%代森锰锌500倍液或50%多菌灵可湿性粉剂800倍液喷雾，或每亩用25%苯甲·丙环唑乳油15mL兑水40～60kg喷雾，间隔7～10d再喷雾1次，效果较好。为防止田间湿气滞留，引发玉米灰斑病的再生，在发病初期喷75%百菌清可湿性粉剂500倍液或50%多菌灵可湿性粉剂600倍液、40%克瘟散乳油800～900倍液、50%苯菌灵可湿性粉剂1 500倍液、25%苯菌灵乳液800倍。

（五）玉米弯孢霉叶斑病

1. 发病特征

玉米弯孢霉主要侵染玉米叶片，也可为害玉米叶鞘和苞叶。初生褪绿小斑点，逐渐扩展为圆形至椭圆形褪绿透明斑，病斑中间呈枯白色或黄褐色，四周有半透明浅黄色晕圈，边缘有较细的褐色环带，一般大小（0.5～4.0）mm×（0.5～2.0）mm，大的可达7.0mm×4.0mm。湿度大时，病斑在玉米叶片正、反面均可产生灰黑色霉状物，即病原菌的分生孢子和分生孢子梗。发病严重时，病斑密布整片叶片，形成大面积坏死，直至整个叶片干枯死亡。

2. 防治措施

（1）减少病源。将玉米秸秆进行焚烧还田、沤肥或当作植物燃料进行焚烧，避免使用秸秆制作篱笆并将田中的秸秆处理干净，能够有效减少感染源。

（2）药剂防治。化学防治的主要药剂为退菌特，退菌特能够有效抑制玉米弯孢霉叶斑病的分生孢子及菌丝的生长，从而达到防治效果。在发病初期，常用百菌清及代森锰钾作为保护剂来抑制分生孢子的生长。而多菌灵、甲基硫菌灵等对菌丝制止作用强、对分生孢子影响较弱的药剂可作为治疗剂配合保护剂使用。在防治过程中，将保护剂和治疗剂交替循环使用，能够有效杀死病菌，同时还能防止病菌对单一药物产生抗药性，在玉米大喇叭口期进行弯孢霉叶斑病的防治效果最好。

（六）玉米褐斑病

1. 发病特征

玉米褐斑病发生在玉米叶片、叶鞘及茎秆。先在顶部叶片的尖端发生，以叶和叶鞘交接处病斑最多，常密集成行，最初为黄褐色或红褐色小斑点，病斑为圆形或椭圆形到线形，隆起附近的叶组织常呈红色，小病斑常汇集在一起，严重时叶片上出现几段甚至全部布满病斑，在叶鞘上和叶脉上出现较大的褐色斑点，发病后期病斑表皮破裂，叶细胞组织呈坏死状，散出褐色粉末（病原菌的孢子囊），病叶局部散裂，叶脉和维管束残存如丝状。茎上病多发生于节的附近。

2. 防治措施

（1）种植抗病品种。选择抗病、耐病品种是减轻玉米褐斑病为害的重要措施，通过实践发现，中科11、鲁单981、农大108等品种对褐斑病抗性较强。

（2）注意田间卫生。玉米收获后彻底清除病残体组织，并深翻土壤。病害发生重的地块在玉米收获后禁止秸秆还田，彻底清除病残体组织并带出田间，深翻土壤以压埋菌源减少菌量，并实行与其他作物轮作。

（3）合理密植。玉米栽植密度要适当，不要随意加大密度，适时间苗定苗，保持田间通透性。大穗型品种每亩株数不高于3 500株，耐密品种不超过5 000株。

（4）合理施肥。施足底肥，推广配方施肥，增施磷、钾肥，促使玉米植株发育健壮。在合理追肥的同时，适时浇水，及时中耕除草，以促进玉米健壮生长，增强抗病能力，并消灭寄主，减轻病害。

（5）化学防治。播种前用60g/L戊唑醇悬浮种衣剂，每10kg种子20mL种衣剂进行包衣，晾干后播种。玉米5～8叶期，用80%代森锰锌可湿性粉剂1 000倍液或25%的粉锈宁可湿性粉剂1 500倍液叶面喷雾，预防玉米褐斑病的发生。发病初期可用10%苯醚甲环唑水分散粒剂1 500倍液、70%甲基硫菌灵可湿性粉剂700～1 000倍液、25%的粉锈宁可湿性粉剂1 500倍液、50%多菌灵800倍液等药剂喷施，间隔7～10d用药1次，连续用药1～2次。喷施时可适量加入叶面肥，控制病害的同时可促进玉米健壮生长，增强植株的抗病能力。

（七）玉米纹枯病

1. 发病特征

玉米纹枯病先从基部叶鞘染病，逐步发展至上部叶片和叶鞘。病斑呈灰绿色，水渍状，椭圆形，在病斑边缘呈现褐色晕纹，病情严重的发展为不规则形或云纹状大病斑。当空气湿度大时，染病部位会长出白色稠密菌丝体，多个菌玉米锈病丝聚集在一起会形成白色小绒球，逐渐形成褐色菌核，落入土壤中过冬。

2. 防治措施

（1）灭杀菌源。玉米收获完成后，将田间的病残株彻底收集干净并进行焚烧。

（2）合理施肥，挖沟排水。在确保基肥数量的基础上，合理使用氮、磷、钾进行适当追肥，不能只施用氮肥。在中耕培土过程中，进行开沟排水，降低田间湿度。

（3）药剂防治。玉米纹枯病发病初期，剥除染病的叶鞘、叶片并进行焚烧，每亩使用70%甲基硫菌灵60g或5%井冈霉素100～125g或20%甲基砷酸锌50g或5%退菌特50～75g，兑水60～75kg进行喷雾，喷洒药液时应重点喷洒玉米苞以下的茎秆。

（八）玉米细菌性枯萎病

1. 发病特征

病株叶片呈淡黄色至苍白色条纹，自下向上枯死，在马齿型玉米中较为明显。病害发展较慢或侵染较晚时叶脉边缘出现逐渐变黑的纵斑病，逐步干枯或灼伤。病菌存在于叶的细胞间隙、气孔腔内以及溶解的中胶层间。细菌在茎部导管中造成阻塞，使全株枯死。用病茎作横切面后，数分钟可见浅黄色细菌脓液呈滴状，自维管束内流出，用铅笔尖或其他物件可将滴液拉成丝状，到后期维管束变成褐色。玉米开花前，病株雄穗常提早开花，往往不能很好舒展，呈白色，病菌存在于雄穗维管束内和花丝及花粉内。病株也能结实，严重时种子收缩，轻的没有明显病症。一般染病的种子多位于果穗下部。

2. 防治措施

（1）加强玉米种子的进境检疫。严禁从疫区调运种子等带菌材料。建立无病留种田，留用无病种子。

（2）对疫区种子进行消毒处理。用0.1%氯化汞浸泡20min，以杀死种子表面携带的细菌，但此法不能杀死种子内部的细菌；也可将种子放在干燥的热空气中（60～70℃）进行干热消毒1h，可以杀死种子内外的所有病菌，而对种子发芽的影响较小。

（3）选育抗病品种。选育抗病品种是一种有效的控制检疫性病害传入的方法。因为有效控制细菌性病害的药物较少，所以，种植抗病品种是最有效的措施之一，但目前尚未见抗相关细菌性病害鉴定的研究报道，也缺乏对玉米种质和品种进行客观抗性评价的技术体系，抗性评价只能在病区进行。

（4）旱防害虫。加强对玉米跳甲、玉米啮叶甲、十二点叶甲幼虫等媒介害虫的早期防治，可以有效防止病害的传播，从苗期开始直到玉米成熟期，通过连续不断的防治可获得理想的效果。

（5）利用分子检测技术控制细菌性枯萎病菌的进入。在检验检疫工作中采用连接酶链式反应（LCR）方法、16S-Nested-PCR、Multiple-PCR以及16S rDNA特异性探针等检测方法均可快速准确地鉴别检疫性玉米细菌性枯萎病菌。

（九）玉米穗腐病

1. 发病特征

为害果穗顶部或中部，引起变色，并出现粉红色霉层，果穗病部苞叶常被密集的菌丝贯穿，黏结在一起贴于果穗上不易剥离。穗腐病表现为有的果穗基部被侵染，菌丝蓝绿或黑色，多为青霉菌引起；有的果穗在环境湿度较大的情况下籽粒发芽，严重时发芽籽粒周围会出现白色菌丝；有的果穗外观很正常，只有脱粒之后才发现穗轴和籽粒脐部被侵染，有黑色霉层。病粒皱缩、无光泽、不饱满，严重影响籽粒品质和产量。

2. 防治措施

（1）品种选择。优先选择有较强抗病能力的玉米品种进行种植，以降低穗腐病病原菌侵染概率。要加大抗病品种的选育、制种，多培育性状优良、抗病能力强的杂交玉米品种进行推广，如全玉1233、先玉335、迪卡517等。

（2）田间管理。田间管理的重点包括除草、中耕、肥水运筹等，其中肥水管理在玉米生长中有关键作用。肥水条件充足可以为玉米植株健壮生长提供良好条件，提高植株抵抗病害的能力。中耕松土有助于疏松土壤、改善土壤的立地条件，有保水保温、提高土壤通透性，能促进玉米植株生长。杂草与玉米植株争夺养分、水分、光照等资源，有效的除草方式不仅可以灭除杂草、促进玉米植株生长，还可以破坏田间病原菌的生存环境、切断病菌的传播途径。

（3）种子处理。精心选择玉米种子，剔除发病、籽粒瘪、表面色泽不健康、个体小、有损伤的种子，选择个体大、有健康色泽、籽粒饱满的种子。播前进行种子处理，先将种子置于强光下晒2~3d，以起到灭菌杀毒的效果，然后进行包衣处理，选择合适的药剂包衣，以降低幼苗感染病害的概率。

（4）药剂防治。玉米丝核菌穗腐病、玉米粉红聚端孢穗腐病，向穗部喷药，常用药剂有50%甲基硫菌灵可湿性粉剂600倍液，50%多菌灵悬浮剂700~800倍液，50%苯菌灵可湿性粉剂1 500倍液，40%农利灵可湿性粉剂1 000倍液。

（十）玉米疯顶病

1. 发病特征

玉米疯顶病的病原为大孢疫霉，属鞭毛菌亚门。在玉米生长期均可发病，表现的症状也比较复杂。现在可以看到的病状有两种：一是玉米整株颜色发暗发深，株高低于正常植株，玉米根系不太发达，玉米叶片向上卷曲，玉米心叶发硬卷成筒状不能展开，心叶下一叶生长受阻无法长出；二是雄穗变成刺猬状，雌穗苞叶尖端变态成簇生小叶。

2. 防治措施

（1）植物检疫。加强植物检疫，严格控制病区，避免从病区、病田调种。

（2）农业防治。一是适期播种，播种后严格控制土壤湿度，5叶期前避免大水漫灌，及时排除降雨造成的田间积水。二是及时拔除田间病株，集中烧毁或高温堆肥。三是收获后彻底清除并销毁田间病残体，然后深翻土壤，避免病菌在田间扩散。四是选用抗病品种，发病与品种有一定的关系，通常马齿型种比硬粒型种抗病，生产上可选用郑单958、丹玉13等玉米品种。

（3）药剂防治。玉米播种前用58%甲霜灵锰锌可湿性粉剂，或用64%杀毒矾可湿性粉剂，以种子量的0.4%拌种；或用35%的甲霜灵可湿性粉剂200～300g，拌100kg玉米种；或用种子量的0.2%的瑞毒霉有效成分拌种。在田间于发病初期，可用1∶1∶150的波尔多液，每隔7～14d喷1次，连续喷2～3次；或用60%灭克锰锌可湿性粉剂1.2～1.3kg/hm^2，兑水750kg/hm^2，均匀喷雾；或用25%瑞毒霉可湿性粉剂1 000倍液，喷雾防治。

（十一）玉米条纹矮缩病毒

1. 发病特征

叶脉产生褪绿条纹。具体表现在以下部位。

（1）整株。早期（4～5叶前）受害，生长停滞，提早枯死。中期（6～10叶期）受害，植株节间缩短，粗肿，显著矮化，顶叶密集丛生，叶片的背面、叶鞘及苞叶的叶脉上具有粗细不一的蜡白色条状突起，用手触摸有明显的粗糙感。雄花不易抽出，如抽出，籽粒亦多秕瘦，病株上部多向一侧倾斜。后期（10叶后）受害，矮缩不明显。

（2）叶片。叶部发病，最初上部叶片稍硬、直立，沿叶脉出现淡黄色条纹，自叶基部向叶尖发展。后期，叶片宽短，厚硬僵直，叶色浓绿，沿叶脉向上产生灰黄色或土红色坏死斑，顶部叶片簇生，病叶提前枯死。叶片上的条纹可分为密纹型和疏纹型两类。密纹型在病叶的两条明显叶脉之间，常产生1～5条连续的至断断续续的条纹，纹宽0.2～0.7mm。疏纹型条纹产生在明显叶脉上，在脉间极少出现，纹宽0.4～0.9mm，条纹多断断续续。

（3）其他部位。叶鞘、茎秆、髓、穗轴、雄花花序的小梗、苞叶及苞叶上的小叶均可受害，产生淡黄色条纹及褐色坏死斑，而苞叶及其顶端的小叶特别敏感，发病后易显症。

2. 防治措施

（1）清除并销毁杂草，实行轮作。清除田间及四周杂草，集中烧毁或沤肥，深翻地，彻底分解病残体。提倡实行水旱轮作或与非本科作物轮作，不要与桃树、黄瓜等作物相邻。

（2）选用抗耐病品种或包衣种子。可以根据本地条件选用抗性相对较好的品种。此外，应提倡选用包衣种子。同时应注意合理布局，避开单一抗原品种的大面积种植。

（3）适时早播，育苗移栽，开好排水沟。及早喷施杀虫剂和除草剂。播种后用药土覆盖，移栽前喷1次除虫灭菌剂，这是防病的关键；要早移栽、早间苗、早施肥、早培土，培育壮苗；开好排水沟、降低地下水位是防病的重要措施。

（4）加强管理，及早拔除病株，及时补种。加强水肥管理，促壮苗，提高植株的抗病能力。及时去除或结合定苗拔除早期感染病株，避免成为再侵染的毒源；对病株率达到60%以上的田块，要及时补种或改种。

（5）药剂防治。玉米田连同其周边环境要及早喷施杀虫剂和除草剂，要特别关注灰飞虱迁飞盛期和玉米7叶期前的药剂防治，注意均匀和连续喷施，减少病毒的传播。杀虫剂选用10%吡虫啉可湿性粉剂、3%啶虫脒乳油等1 000倍液喷雾。

（十二）玉米粗缩病

1. 发病特征

玉米粗缩病在玉米的全生育时期都可能发生，但发病主要是在苗期感染之后。玉米苗期感染粗缩病病毒之后，玉米幼苗较正常植株明显生长缓慢、叶片深绿（正常叶片为黄绿色），叶片出现僵直。受到病毒侵染的叶片，叶片的背面叶脉有明显的条状突起，刚开始的条状突起是白色的，随着时间推移、病情发展，叶脉会逐渐变成黑色。如果玉米粗缩病的病毒入侵时间是在玉米生长发育的后期，势必会对玉米的抽雄产生明显影响。通常，此时看不出明显差异，玉米植株也很少出现明显的矮化现象。玉米一旦患上粗缩病，根系数量就会减少，导致其立地困难，病株容易从土壤中拔出。患病较轻的玉米植株和正常的玉米植株长势十分相似，通常很难用肉眼识别。仔细辨别会发现患病植株中上部稍短；严重感染玉米粗缩病的植株，明显比正常玉米植株矮小，玉米叶片重叠，植株无法抽雄

107

和吐丝，就算结了果穗也比较细小，果实干瘪无粒，导致玉米严重减产，甚至绝产绝收。

2. 防治措施

（1）选用抗病品种。目前有很多防治玉米粗缩病的药剂，但是玉米一旦被粗缩病病毒侵染后出现症状，即使及时使用了药物防治，有时也很难起到保证玉米产量的效果。因此，推广和选用抗病品种，显得尤为重要。

（2）加强田间管理，及时防除杂草，消灭灰飞虱的为害。田间管理较差的地块，杂草丛生，灰飞虱较多，就容易引起玉米粗缩病的发生。所以在前茬作物，如小麦成熟收获后，应及时清除小麦残茬、杂草等；玉米成熟收获后，也要及时清除田间的杂草，并带出田间，集中焚烧，避免灰飞虱的宿存和越冬。为了减少灰飞虱病原菌媒介昆虫的越冬基数，可在前茬作物收获后，或冬季进行农田深耕，形成健康的农田环境，减少粗缩病的发生。玉米播种之后，加强玉米苗期的田间管理，如发现粗缩病病毒感染的病株，要及时拔除，运出农田以外进行集中深埋，防止玉米粗缩病再次侵染和传播。玉米生长期间，合理灌溉，避免田间湿度过大，促进玉米枯株的健康生长，也可以有效地防治玉米粗缩病的发生。

（3）适期播种、合理轮作。玉米粗缩病的为害，尽管在整个玉米生长期间都可能发生，但是以玉米苗期受害最为严重。玉米6叶期（展开叶）前是最容易感染病毒病的，此时可以采取调整玉米播期避开灰飞虱传播的方式，避开粗缩病病毒侵染。

（4）药剂防治。在实施彻底去除田间杂草、选用抗病品种和适期播种等防治技术的基础上，应连续多次喷洒农药，进行杀虫防病。通常，可安全使用的消灭灰飞虱的药剂为10%吡虫啉40g加20%异丙戊乳油1.50mL，兑水40kg喷雾，每5~7d喷药1次，做到杀虫药与杀病毒药物有机结合。在玉米3叶期，每亩用极显30mL+拜耳苗旺特30mL兑水15kg喷雾，10d后再重复喷洒1次，在连续阴雨天或大雾天气加喷1次，可起到明显的杀灭灰飞虱的效果。对已经发生玉米粗缩病的玉米田，可用50%氯溴异氰尿酸水溶性粉剂60g（或宁南霉素、病毒必克），加叶面肥，兑水50kg喷雾，起到缓解病情、钝化病毒的辅助治疗作用。也可在发病初期，采用5%氨基寡糖素水剂100g，加水50kg喷雾的辅助治疗手段。在大喇叭口期，可采用无人机喷雾。在玉米播种前，用10%吡虫啉可湿性粉剂15g，兑水6kg，浸泡玉米种5kg，时间为24h，然后捞出种子，直接晾干后即可进行播种，也可起到防治玉米苗期灰飞虱的作用。

二、水稻病害

在水稻育种过程中，南繁具有非常重要的作用，三亚及其周边地区是我国水稻南繁的集中地。水稻南繁能缩短育种周期，加速世代稳定。对单季稻地区而言，培育一个新品种，从杂交组配到审定成功一般需要10年左右的时间，育种周期漫长。但如果结合南繁加代，育种周期一般可缩短2年以上；同时可以扩繁种子，加快参试和应用。在多数年份，可以利用海南1月阶段性低温，进行耐冷性鉴定，这对于寒地水稻品种选育意义重大。做好南繁水稻病害调查及其防治对南繁工作具有重要意义。南繁区水稻病害主要有以下几种。

（一）稻瘟病

1. 发病特征

根据发病时间和侵染部位的差异，可将其分为苗瘟、叶瘟、节瘟、穗颈瘟和谷粒瘟。

（1）苗瘟。病菌主要以分生孢子和菌丝体在稻草和稻谷上越冬，播种带菌种子可引起苗瘟。通常在3叶期发病，发病时根苗会出现灰黑色，上部变为褐色。

（2）叶瘟。叶片显现病斑，通常在3叶期至后期发病，不同水稻品种的抗病能力不同，所以叶瘟所体现出的病变形状、大小、颜色也有明显差异。慢性型病斑初期表现为暗绿色或褐色小点，两端向叶脉延伸褐色坏死线，之后呈现出不规则的大斑。急性型病斑的叶片上表现出大量灰色的霉层，具有很强的流行性。

（3）节瘟。在抽穗后，稻节位置出现褐色小点，之后整个节部发黑、腐烂，可形成白穗。

（4）穗颈瘟。在穗颈部位可见褐色小点，之后逐渐变为黑色，抽穗后为白穗，形成小穗不实。

（5）谷粒瘟。早期发病外壳全部变为灰白色，晚期发病可见褐色病斑。

2. 防治措施

（1）抗病品种。水稻抗病品种的选育与利用是防治稻瘟病最经济有效且绿色环保的手段。由于稻瘟病菌的种群结构具有复杂性和易变性，致使很多抗病品种在大面积种植多年后就会失去抗性。因此，很有必要利用分子标记辅助育种和转基因育种技术等现代分子生物学技术进一步发掘和丰富抗稻瘟病基因资源，拓宽品种抗性，以培育出广谱持久抗瘟品种。

（2）药剂防治。稻瘟病大流行时期最直接有效的防治手段，稻瘟病的药剂防治经历了早期的重金属化合物时代，以四氯苯肽、稻瘟净、稻瘟灵等为代表的有机汞制剂替代时期，以烯丙苯噻唑、三环唑、四氯苯肽等为代表的间接作用化合物时代和甲氧基丙烯酸酯类杀菌剂时代这4个阶段，其中，以三环唑的防效最为优异，但药剂防治会面临病原菌产生抗药性等问题的挑战。通过利用细菌类（主要为芽孢杆菌和假单胞菌）、放线菌类（主要为链霉菌）、真菌类（主要为木霉菌）和植物类（印度楝树等）生物活体或由它们产生的代谢产物来防治稻瘟病的发生为害，不但安全有效，并且不容易产生抗药性。

（3）农业措施。合理密植，提高稻田的通风透光度、降低稻株的湿度；通过采用无病稻种或播种前对其进行消毒处理、适时进行轮换种植等方法消除病原；加强灌溉管理，既不深水漫灌，又不让水稻缺水；科学施肥，切忌过量施用氮肥，增施硅肥，增强稻株抵抗病虫害的能力。

（二）纹枯病

1. 发病特征

稻苗期至抽穗期各阶段均能发生，其中分蘖期至抽穗期阶段为害较为严重，尤为抽穗前后为害最明显，主要为害稻株的基部叶、叶鞘、茎和穗；发病重时常造成软腐而倒伏或致使秕谷率增加，千粒重降低，甚至整株枯死；通常情况下，发病得越早，为害就越严重；发病部位越往上，蔓延至叶片为害也越严重，常造成惨重的减产，产量损失可达5.93%~28.29%。

（1）叶鞘染病。在近水面处产生暗绿色水浸状边缘模糊小斑，后渐扩大呈椭圆形或云纹形，中部呈灰绿色或灰褐色，湿度低时中部呈淡黄色或灰白色，中部组织破坏呈半透明状，边缘暗褐色。发病严重时数个病斑融合形成大病斑，呈不规则状云纹斑，常致叶片发黄枯死。叶片染病病斑也呈云纹状，边缘褪黄，发病快时病斑呈污绿色，叶片很快腐烂，茎秆受害症状似叶片，后期呈黄褐色，易折。

（2）穗颈部受害。初为污绿色，后变灰褐色，常不能抽穗，抽穗的秕谷较多，千粒重下降。湿度大时，病部长出白色网状菌丝，后汇聚成白色菌丝团，形成菌核，菌核深褐色，易脱落。高温条件下病斑上产生一层白色粉霉层即病菌的担子和担孢子。

2. 防治措施

（1）抗病品种。选用高抗品种是防治该病最经济高效的手段之一，且符合绿色农业发展的要求。

（2）药剂防治。井冈霉素是生产中应用于防治水稻纹枯病最理想的杀菌剂，由于长期大量使用，病原菌对它的敏感性出现了钝化现象，其防效已不如某些杀菌剂。然而，杀菌剂的使用具有很多缺陷，包括病原菌耐药性的产生、毒性残留、环境污染和成本高等。目前，对立枯丝核菌（*R. solani*）防治应用研究比较多的生防菌是真菌和细菌，比如哈茨木霉（*Trichoderma harzianum*）、长枝木霉（*T. longibrachiatum*）T8等木霉菌，青霉（*Penicillium* sp.）Z88等青霉菌，芽孢杆菌（*Bacillus* spp.）Drt-11（陈敏等，2006）、铜绿假单胞菌（*Pseudomonas aeruginosa*）ZJ1999等细菌。

（3）农业防治。氮、磷、钾三元素合理搭配，切忌偏施氮肥，基肥要足，追肥要早，有机肥和化肥要并用；合理灌溉，插秧期水要适中，返青后则需深水培育，再往后则要适时排水，做到干湿交替，在蜡熟、黄熟期停止浇灌，进行晒田处理，合理密植也可以预防水稻纹枯病的发生。另外，稻鸭共养模式，鸭的分泌物、排泄物和它们踩水、啄食、捕食等一系列活动可以减少各种植物病虫草害的发生，对水稻纹枯病更是具有显著的防治效果。

（三）白叶枯

1. 发病特征

水稻白叶枯病会引发叶枯型、凋萎型和黄叶型3种主要症状。

（1）叶枯型。白叶枯病最常见的症状，主要发生在叶片及叶鞘部位，通常从叶尖和叶缘开始发生，少数从叶肉开始，产生黄绿色、暗绿色斑点，沿叶缘或中脉向下延伸扩展成条斑，病部和健康部分界线明显，病斑数天后转为灰白色（多见于籼稻）或黄白色（多见于粳稻），远望一片枯槁色，这也是白叶枯病名的由来。

（2）凋萎型。主要发生在秧苗期至分蘖初期，通常见于秧苗移植后1~4周，主要症状是"失水、青枯、卷曲、凋萎"，最后导致全株死亡。该症状的产生主要是病原细菌自叶面伤口、自然孔口、伤茎或断根等部位入侵，沿维管束向其他器官部位转移，分泌毒素破坏并堵塞输导组织以引起秧苗失水，造成整株萎蔫死亡。

（3）黄叶型。热带地区的稻田还发现白叶枯病的另一种症状类型，被称为黄叶型即一般病株的较老叶片颜色正常，成株上的心部新出叶则呈均匀褪绿或呈淡黄至青黄色。

2. 防治措施

（1）抗病品种。选用当地抗病品种，是防治白叶枯病经济、省工、有效的主要措施。

（2）药剂防治。种子处理，播前用50倍液的福尔马林浸种3h，再闷种

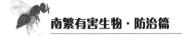

12h，洗净后再催芽。也可选用浸种灵乳油2mL，加水10~12L，充分搅匀后浸稻种6~8kg，浸种36h后催芽播种；秧田3叶期和移栽前各施药1次；大田施药适期应掌握在零星发病阶段，以消灭发病中心。

（3）农业防治。在秧田带病的秧苗移栽后会成为本田的初次侵染源，因此，要做好秧田的防病工作。秧田应选择地势高、排灌方便、远离房屋和晒场的无病田；防止串灌、漫灌和长期深水灌溉；防止过多偏施氮肥，要配施磷、钾肥；最好采用旱育苗；采用因土配方施肥，氮肥切忌多施、晚施。水的管理要浅水勤灌，严禁深灌、串灌、大水漫灌，以增强稻体内的抗病力。

（四）根结线虫

1. 发病特征

稻根结线虫病，根尖受害，扭曲变粗，膨大形成根瘤，根瘤初卵圆形，白色，后发展为长椭圆形，两端稍尖，色棕黄至棕褐以至黑色，大小3mm×7mm，渐变软，腐烂，外皮易破裂。幼苗期1/3根系出现根瘤时，病力瘦弱，叶色淡，返青迟缓。分蘖期根瘤数量大增，病株矮小，叶片发黄，茎秆细，根系短，长势弱。抽穗期表现为病株矮，穗短而少，常半包穗，或穗节包叶，能抽穗的结实率低，秕谷多。

2. 防治措施

（1）药剂防治。要重点抓水稻生育期的秧苗期和收割后的稻桩期，苗床施药宜用1.5%阿维菌素颗粒剂或10%噻唑膦颗粒剂，与最下层苗床土拌匀，其上覆盖一层土后再播种；对于两季水稻连作的田块，在上季水稻收割后，保持稻桩1个月左右，在稻田撒施1.5%阿维菌素颗粒剂或10%噻唑膦颗粒剂，然后翻耕晒田，同时将稻桩收集到田外销毁，上述几种措施配合，能在很大程度上减轻下季水稻根结线虫的为害。

（2）农业防治。培育无病秧苗，用育秧盘育苗，选用无病基质；整个生育期保持浅水层，尤其是幼嫩根系较多的苗期；稻桩期保持适当湿度，使近地表幼嫩根系尽可能多地产生，促进水稻根结线虫卵的孵化和2龄幼虫的充分侵染，在保持稻桩期1个月后，翻耕晒田，同时将稻桩收集至田外销毁，减少田间根结线虫存量。

（五）稻曲病

1. 发病特征

稻曲病仅发生在水稻穗部，为害单个谷粒，受害谷粒在内外颖处先裂开，露出淡黄色块状物，后颜色逐渐加深，变为黄绿色、暗绿色、墨绿色至黑色，最后病粒外层覆盖一层绒状孢子粉。田间栽培管理不当也有利于稻曲病的发生。如秸秆还田时将带病稻草、瘪谷直接返田，会导致大量菌核滞留在田间，成为翌年初侵染来源，为病害的发生提供了基础。另外，部分带菌种子播前未进行药剂处理，为稻曲病的发生提供了充足的菌源。栽培密度过大、灌水过深、排水不良，均有利于病害的发生。尤其是在水稻颖花分泌期至始穗期，稻株生长茂盛，若氮肥施用过多，造成水稻贪青晚熟，剑叶含氮量偏多，会加重病情的发展，病穗、病粒亦相应增多。

2. 防治措施

（1）抗病品种。筛选与抗性基因紧密连锁的分子标记，通过分子标记辅助选择抗病品种，是提高水稻品种抗病能力的有效途径。

（2）药剂防治。有效的防治方法是在孕穗早期使用杀菌剂，大部分杀菌剂如立克秀、丙环唑、苯醚甲环唑和井冈霉素等均有较好防效。在"叶枕平"、破口期分2次喷雾对稻曲病防效较好。具体的喷药时间根据穗型不同有所区别，大穗型在接近一半主穗叶枕到达2叶时即抽穗前10～15d，小穗型在绝大部分主穗叶枕平齐时即抽穗前5～7d喷施效果理想。发病较重的田块可在齐穗期再次施药以减少稻曲病的发生与传染。但是过度依赖化学农药容易使病原菌产生抗药性，并且会造成环境污染。真菌类的木霉菌处于防治稻曲病的试验阶段，对稻曲病菌的抑制活性亦较高。另外，还可利用基因工程的方法诱导Harpin蛋白，激发水稻产生抗病性从而有效抑制稻曲病的发生。

（3）农业防治。优先选择生育期较早的水稻品种，避免孕穗期与稻曲病发生所需的低温高湿环境相重叠。插秧前翻耕土地，铲除杂物以消灭越冬菌核，种植过程中避免因种植密度较大造成稻田通风情况差、湿度偏高，给稻曲病的发生提供优良的环境条件；合理施肥，尤其是氮肥，过量施用易导致稻株叶片过大且稻株氮碳比失调，造成水稻贪青晚熟，容易发病；通过科学灌水，增强根系活力，可以提高抗病性。

（六）水稻齿叶矮缩病毒

1. 发病特征

水稻齿叶矮缩病毒（Rice ragged stunt virus，RRSV）主要表现为病株浓绿矮缩，分蘖增多，叶尖旋卷，叶缘有锯齿状缺刻，叶鞘和叶片基部常有长短不一的线状脉肿，脉肿即为叶脉（鞘）局部突出，呈黄白色脉条膨肿，长0.1～0.85cm，多发生在叶片基部的叶鞘上，但亦有发生在叶片的基部。RRSV的

病害症状在不同生育期、不同水稻品种中表现不同。同时，RRSV还能与水稻矮缩病毒、水稻暂黄病和水稻黄萎植原体等病原物发生二重、三重甚至四重感染。

2. 防治措施

（1）抗病品种。通过以改换抗病品种为主的综合措施，得到有效的控制。

（2）药剂防治。控制条纹叶枯病、黑条矮缩病的为害，同时兼治稻飞虱，为夺取水稻丰收打基础；移（机）栽后3～5d用药；直播稻随现青随用药，隔5～7d用第2次药。

（3）农业防治。改进耕作制度，有效控制该病的流行；选用抗病品种，通过以改换抗病品种为主的综合措施，得到有效的控制；调整播种插秧时期，使易感病的苗期避开介体昆虫迁飞高峰；根据短期测报，结合稻田生态（天敌）、品种和苗情，以及田间管理，做好治虫防病工作。

三、棉花病害

棉花南繁主要在海南省进行，三亚及其周边地区是我国棉花南繁的集中地。南繁棉花一般在10月播种，翌年3—4月收获。初期较快、中期缓慢的"凹型发育模式"。这一特点导致南繁区棉花病害发生特点与主产棉区差别很大，做好南繁棉花生育期病害调查及其防治工作对南繁工作具有重要意义。南繁区棉花病害主要有以下几种。

（一）棉花黄萎病

1. 发病特征

（1）黄斑病。下部叶片先发病，初期叶缘上卷，叶脉间产生淡黄色不规则形病斑，叶脉附近保持绿色，病斑由黄色至褐色，呈掌状花斑，似西瓜皮状，叶片不脱落，早期不枯死。

（2）叶枯型。叶片出现局部枯斑或掌状枯斑，枯死后即脱落，不形成光秆。

（3）萎蔫型。雨后急性黄萎，主脉间产生水浸性淡绿色斑块，叶片萎蔫下垂。

（4）落叶型。上部叶片先发病，叶片萎垂，迅速脱落，植株枯死前即成光秆。病株一般不矮缩，早期发病可造成植株矮小，出现死苗。剖视根、茎、叶柄，可见维管束出现褐色病变。

2. 防治措施

（1）选用抗病品种。选取籽粒饱满、发芽率高、发芽势强的抗耐病品种。

（2）浸种处理。可用"三开一凉"温水（55～60℃），或用40%黄枯净粉剂按种子量1%，或50L水加40%多菌灵胶悬剂按种子量2%浸泡14h捞出晾干，可杀死种子上的病菌，防治棉花枯萎病、黄萎病。

（3）减少病源。田间如发现零星病株，应及时拔除，并进行病穴消毒。

（4）药剂防治。初现病症时，用12.5%水杨多菌灵（治萎灵）200倍液，或50%多菌灵1 000倍液、70%甲基硫菌灵1 000～1 500倍液灌根，每株灌100mL，间隔10～25d再灌根1次；也可用1%的硫铵水、2%碳铵水等化肥水灌根，促进病株复壮生长，控制病情发展。未发病地块，也应喷洒黄腐酸有机肥或绿风95、磷酸二氢钾等叶面肥，以提高棉株抗病力，减少发病。

（二）棉花枯萎病

1.发病特征

该病为害根部，通过维管束扩散，引起全株发病，在棉花生育期间随时呈现症状。苗期受害时在子叶上生黄色网状斑纹，严重时幼苗枯死。现蕾期症状最明显，病株稍矮，多变畸形，节间缩短，叶片变小，病株叶缘及主脉、支脉变黄褐色，叶脉间为绿色，形成网状斑纹。后期病部变褐色，叶片萎蔫脱落。一般先从顶部叶片开始枯死，逐渐向下部发展。严重时叶片全落，形成"光秆"，有时病株半边枯黄，半边正常。潮湿时病株秆上生淡红色霉层。病株结铃少而小，有时未经开裂即枯死。横切病株基部，可见其维管束变深褐色。

2.防治措施

（1）选用抗病品种。抗病品种是解决枯萎病、黄萎病最经济有效途径，也是根本途径。

（2）种子消毒处理，消灭种子菌源。如浓硫酸脱绒，多菌灵、菌毒清、黄腐酸盐等进行种子消毒。

（3）加强棉花现蕾开花后水肥营养管理，提高棉花抗病性和抵抗力。

（4）控制压缩轻病区，彻底改造重病区。采取轮作倒茬，减少病源。有条件地区实行水旱轮作，可以有效压低土壤菌源，起到防病效果。

（5）发病后有针对性的补救防治。叶面喷施磷酸二氢钾，棉花根部灌施棉枯净、DD混剂等，使其自然扩散吸附，达到治病效果。

（6）严格保护无病区。病区收购或病田采摘的棉花要单收单扎，专车运输，专仓储存。

（7）棉籽榨油采取高温榨油方式。在调拨、引进棉种时要严格履行种子调拨和检疫手续。

（8）及时消灭零星病点。对零星病株及时拔除，就地焚烧。并在病株周围

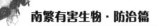

1m²的土壤灌药消毒。常用药剂有溴甲烷、氯化苦、二溴乙烷、二溴氯丙烷、氨水、治萎灵等。

（三）棉花茎枯病

1. 发病特征

该病为害棉花叶片、叶柄或幼茎。苞叶、铃壳和棉绒上也可发生。茎部受害，全株枯死。在一般情况下病斑呈梭形，在湿润情况下发生溃疡。严重时茎端枯死变黑。后期外皮脱落，内皮纤维外露。

2. 防治措施

（1）选用经过包衣消毒的棉种。

（2）改善田间水系，降低土壤湿度。

（3）勤中耕，提高土壤温度，促进发根，增强棉苗免疫能力。

（4）及时给棉苗喷施农药，可用1∶1∶200倍波尔多液，或18%松铜·咪鲜胺乳油800倍液，或70%代森锰锌可湿性粉剂500倍液或25%苯菌灵800～1 000倍液。

（四）棉花炭疽病

1. 发病特征

棉花炭疽病在各生育期均可发病，以苗期和铃期受害最重。苗期发芽后出苗前受害可造成烂种，使棉苗不能出土而死亡。出土后幼苗感病时，茎基部出现红褐色至紫褐色条斑，后扩大成略凹陷的褐色斑，严重时失水纵裂，幼苗倒伏死亡。潮湿时病斑上产生橘红色黏质物，即分生孢子。子叶发病后多在叶边缘生出红褐色的半圆形褐色病斑，后干燥脱落使子叶边缘残缺不全。

2. 防治措施

（1）选用无病种子，或彻底进行种子消毒是关键。一般在55～60℃的水中浸泡种子30min，便可杀死种子携带的大部分病菌，捞出晾干时，选用17%的多·福悬浮种衣剂按1∶35的药种比，或40%的福美·拌种灵悬浮种衣剂按1∶180的药种比，或40%的五氯硝基苯粉剂按1∶100的药种比，或25%的络氨铜水剂按1∶200的药种比等进行种子包衣后，即可播种，实行水旱轮作可有效减轻病害的发生。

（2）做好田园清洁，深翻覆土，且要加强田间肥水等管理，促使棉苗早发、壮苗，减少苗期发病，防止棉株铃期早衰和生长过旺，并强化通风透光，降低田间湿度，同时及时防治棉铃害虫。

在苗期及铃的发病初期，可选用36%三氯异氰尿酸可湿性粉剂150g/亩，每周均匀喷雾1次，连喷2次即可。

（五）棉铃红腐病

1. 发病特征

棉苗未出土前受害，幼芽变棕褐色腐烂死亡；幼苗受害，幼茎基部和幼根肥肿变粗，最初呈黄褐色，后产生短条棕褐色病斑，或全根变褐腐烂。

2. 防治措施

（1）选择健康无病的棉种。种子处理，每100kg棉种拌50%多菌灵可湿性粉剂1kg。

（2）适期播种，加强苗期管理，增强植株抗病力，减少初侵染源。

（3）清洁田园，实行轮作。

（4）注意铃期治虫，在棉花结铃吐絮期，防治棉铃角斑病、铃疫病、铃炭疽病等造成的病斑；防治钻蛀性害虫，如棉铃虫、红铃虫等，避免造成伤口，减少病菌侵染机会。

（5）药剂防治。可结合防治其他病害进行兼治。发病初期及时喷洒65%代森锌可湿性粉剂300~350倍液，或50%多菌灵可湿性粉剂800~1 000倍液，或50%苯菌灵可湿性粉剂1 500倍液，或65%甲霉灵可湿性粉剂1 500倍液，每亩喷兑好的药液100~125L，5d左右喷1次，连续喷2~3次。

（六）棉铃疫病

1. 发病特征

苗期发病，根部及茎基部初呈红褐色条纹状，后病斑绕茎一周，根及茎基部坏死，引起幼苗枯死。子叶及幼嫩真叶受害，病斑多从叶缘开始发生，初呈暗绿色水渍状小斑，后逐渐扩大成墨绿色不规则水渍状病斑。在低温高湿条件下迅速扩展，可蔓延至顶芽及幼嫩心叶，变黑枯死；在天晴干燥时，叶部病斑呈失水褪绿状，中央灰褐色，最后成不规则形枯斑。叶部发病，子叶易脱落。为害棉铃，多发生于中下部果枝的棉铃上。多从棉铃苞叶下的铃面、铃缝及铃尖等部位开始发生，初生淡褐、淡青至青黑色水浸状病斑，不软腐，后期整个棉铃变为有光亮的青绿至黑褐色病铃，多雨潮湿时，棉铃表面可见一层稀薄白色霜霉状物，即病菌的孢囊梗和孢子囊。青铃染病，易腐烂脱落或成为僵铃。疫病发生晚者虽铃壳变黑，但内部籽棉洁白，及时采摘剥晒或天气转晴仍能自然吐絮。

2. 防治措施

（1）加强栽培管理。合理密植，及时整枝打杈，防止棉田郁闭；雨后及时排水，扶正倒伏棉株，降低田间湿度；适时配方施肥，并喷施生长促进剂，进行叶面喷肥，每3~5d喷1次，促使棉花及早恢复、转化。摘除染病烂铃，抓好前期病害防治，减少病菌在田间积累、传播和蔓延。及时防治棉田玉米螟、甜菜夜蛾、棉铃虫、红铃虫等棉田害虫，防止虫害造成伤口，切断病菌侵入途径。

（2）化学药剂防治。发病初期及时喷洒65%代森锌可湿性粉剂300~350倍液或50%多菌灵可湿性粉耕800~1 000倍液、或58%甲霜灵·锰锌可湿性粉剂700倍液、或64%杀毒矾可湿性粉剂600倍液、或72%克露可湿性粉剂700倍液，对上述杀菌剂产生抗药性的棉区，可选用69%安克·锰锌可湿性粉剂900~1 000倍液。以上药剂从8月上中旬开始，隔10d左右1次。

（七）棉铃红粉病

1. 发病特征

整个铃壳表生松散的橘红色绒状，比红腐病的霉层厚，病铃不能开裂，僵瓣上也长有红色霉粉。

2. 防治措施

（1）加强管理，合理施肥。多雨时要及早做好棉田排水防涝工作。做到大雨过后田内无积水、无涝害发生。进入花铃期以后，要对棉田分期进行培土，这是预防棉株倒伏、降低田间湿度、控制病菌繁殖、减少烂铃发生的一项有效措施。

（2）精细整枝。对郁闭的棉田，要及时采取整枝打杈，打空枝、摘顶心、去下部老叶、拔除空棵等措施，改善棉田通风透气条件，降低田间湿度，以减少烂铃发生。

（3）抢摘病铃、烂铃。在烂铃发生期间及时深入田间仔细查看，发现烂斑铃及虫蛀大铃，随时采摘后抢晴天晾晒。将采摘下的棉铃用1%乙烯利溶液浸蘸后再晾晒，能促进棉铃迅速开裂，改善纤维品质。

（4）及时化控。本着"适量多次、前轻后重"的原则，在蕾期、初花期、花铃期喷施缩节胺，控制棉花旺长，协调肥水管理，促早熟，防棉花烂铃。

（八）棉花角斑病

1. 发病特征

真叶发病，初为褐色小点，逐渐扩大成油渍状透明病斑，后变为黑褐色病斑，扩展时因叶脉限制而呈多角形。

2. 防治措施

（1）清洁棉田，病株残体集中烧毁、深埋或沤肥，不得留在田间或带入棉田。生长期间要及时清除发病棉叶、蕾、铃，带出田外销毁。

（2）增施磷、钾肥，使氮、磷、钾配比合理。

（3）选用经过硫酸脱绒处理，又进行包衣的棉种。

（4）药剂防治。可选用72%农用链霉素450mL/hm^2，或86.2%铜大师粉剂750g/hm^2，或可杀得2 000粉剂750g/hm^2，或20%龙克菌水悬浮剂1 500mL/hm^2，或75%百菌清粉剂750g/hm^2，或50%甲霜铜粉剂1 200g/hm^2。以上配方任选1种兑水750kg/hm^2，于发病初期喷雾防治。

（九）棉苗立枯病

1. 发病特征

棉苗受害后，在近地面的茎基部产生黄褐色病斑、后变成黑褐色，并逐渐凹陷腐烂，严重时病部变细，病苗枯死或萎蔫倒伏。子叶受害，形成不规则形黄褐色斑，后病斑破碎脱落成穿孔状。

2. 防治措施

（1）合理轮作。与禾本科作物轮作2~3年。棉田经种2~3年水稻后再种棉花，苗期防病效果在50%以上。

（2）合理施肥。精细整地，增施腐熟有机肥或生物有机肥，提倡施用酵素菌沤制的堆肥或腐熟有机肥及"5406"菌肥。

（3）加强苗期管理。出苗显行后即开始中耕，雨后及时中耕，以降低土壤湿度，提高地温；棉苗已开始发病，唯一的办法是贴近薄膜加深中耕，使土壤通气、散墒、增温，促使病苗尽快长出新根，棉苗长出3~4片真叶，茎部逐渐木质化，可抵抗病菌侵染。

（4）药剂浸种。每500kg棉籽用"401"药液或"402"药液1kg兑清水200L，播前浸泡24h。也可简化为用"401"药液1kg，兑水100L，用喷雾器均匀地喷洒在500kg棉籽上，然后堆起用麻袋盖好，闷种24~36h。

参考文献

陈慧芳，2020. 玉米主要病虫害防治措施[J]. 乡村科技（8）：101-102.
胡韵梅，2014. 玉米条纹矮缩病的综合防治[J]. 中国农业信息（15）：80.

李凡建，仝义涛，2019. 玉米粗缩病症状及防治措施[J]. 乡村科技（34）：96-97.

李娜，2018. 玉米褐斑病防治方法[J]. 农民致富之友（5）：54.

刘铭，2014. 玉米圆斑病的发生与防治[J]. 现代农业科技（19）：158-159.

漆艳香，肖启明，朱水芳，2003. 玉米细菌性枯萎病16S rDNA基因克隆及TaqMan探针实时荧光PCR[J]. 湖南农业大学学报（自然科学版），29（3）：183-187

世界农化网. 玉米小斑病[EB/OL]. （2012-06-24）[2020-02-19]. http://cn. agropages. com/bcc/Bdetail-358. htm.

万方浩，郑小波，郭建英，等，2005. 重要农林外来入侵物种的生物学与控制[M]. 北京：科学出版社.

王荣江，王启柏，毕建杰，2020. 玉米粗缩病发病症状及综合防治技术[J]. 农业科技通讯（10）：277-279.

吴琼，陈枝楠，范怀忠，等，2004. 玉米细菌性枯萎病及其病原菌的检测技术[J]. 中国生物工程杂志（12）：22-25.

薛玉梅，2010. 玉米穗腐病的发生与防治[J]. 农技服务，27（10）：1302.

杨海，2018. 玉米病虫害绿色防治技术[J]. 现代农业科技（24）：125，129.

俞斌，邵乔儿，骆银儿，2009. 玉米条纹矮缩病的发生及防治[J]. 安徽农学通报，15（18）：123，155.

郑春燕，李召义，陈艳芹，2019. 玉米褐斑病发生流行特点及综合防治措施[J]. 农业知识（12）：17-19.

郑肖兰，郑行恺，赵爽，等，2019. 南繁区玉米弯孢霉叶斑病菌的鉴定及其生物学特性研究[J]. 热带农业科学，39（3）：44-50.

周慧升，2020. 玉米灰斑病的发生及综合防治[J]. 云南农业（8）：56-58.

COPLIN D L，MAJERCZAK D R，ZHANG Y，et al，2002. Identification of *Pantoea stewartii* subsp. *stewartii* by PCR and strain differentiation by PFGE[J]. Plant Disease，86（3）：304-311.

第六章　南繁区常见危险性草害防治

南繁区因其特殊的地理位置，是中国最大的"热带地区"，占全国热带面积的42.5％，并且为热带湿润季风性气候，所以使其成为中国重要的热带作物生产基地和南繁育种基地。优越的气候条件使得全国的育种基地基本集中在海南省，并且随着南繁区经济的发展，对外交流更加频繁，旅游业发展更迅速，增加了外来生物传入的风险，尤其是外来植物的传入，严重威胁南繁区的生态安全。

外来入侵植物即外来入侵杂草，是指从原产地或其他地区有意引进或无意传入，对当地的生物多样性、食物安全、社会经济发展等带来威胁或造成损失的植物。经调查，海南省野生或半野生的外来植物有153种，隶属45科120属。目前南繁区的外来入侵杂草有35科、104属、141种（包括变种/亚种），在海南外来入侵杂草中，为害性较大的杂草有飞机草、假臭草、小蓬草、阔叶丰花草、巴西含羞草、凤眼蓝、喜旱莲子草、稗、牛筋草、铺地黍和香附子等，还有其他有害杂草，如仙人掌、土荆芥、藿香蓟、金腰箭、鬼针草、银胶菊、肿柄菊、三裂蟛蜞菊、刺苋、皱果苋、青葙、银花苋、飞扬草、假马鞭、马缨丹、决明、望江南、山香、红毛草、假高粱等，杂草种类较多，部分为害严重，如不及时控制，将造成较大为害。同时对于那些有潜在入侵性的危险性杂草，如紫茎泽兰、加拿大一枝黄花、豚草、猪殃殃、互花米草、毒麦、扁秆藨草等，更要加强检疫工作，在入侵之前将之挡在国门之外。

对于外来杂草，其造成的危害不仅在于其本身，它们还会对本地杂草的生态结构和杂草群落造成影响。同时，一些具有抗除草剂、杀虫剂和病毒的变性基因在自然界中会通过花粉杂交传播到那些同宗杂草的染色体中去，可能给杂草种群带来生物学上的优势，从而制造出一些可抗除草剂、杀虫剂和病毒的"超级杂草"，给农田杂草的防除带来新的难题。所以本研究详细论述了南繁区常见危险性草害以及玉米田、大豆田、水稻田等主要作物田内的杂草类型，并提出了防治方法。

一、南繁区常见危险性草害及防治措施

（一）飞机草

1. 为害情况

飞机草在20世纪30年代于云南省首次发现，20世纪50年代几乎遍及海南省各处，并且目前还在继续蔓延扩散。飞机草的繁殖力极强，是一种具有较强竞争力的有害物种，对热带地区的植被构成潜在威胁。其侵入后通过侵占宜林荒山和经济林地，通过遮阴和化感作用打乱本地物种的正常生命周期，与本地物种杂交等方式来危害本地生态系统；通过侵入草地和农田来危害农业经济；通过种子和花粉来致使人、畜过敏，威胁人类健康。

2. 防治措施

可以在飞机草开花结籽前进行人工铲除或者机械铲除，但是需要耗费大量人力物力。也可使用2,4-D、敌百隆、莠去津、麦草畏、绿草定、百草枯、草甘膦等化学药剂，使用时注意施药时期和用量，科学施药。也可使用生物防治，常用银合欢、毛蔓豆、距瓣豆以及狗尾草等，可抑制飞机草的生长蔓延。使用香泽兰灯蛾、安娴珍蝶、香泽兰瘿实蝇、昆明旌蚧等天敌昆虫也是目前的研究方向，一经成功，将起到很好的效果。

（二）假臭草

1. 为害情况

假臭草，又名猫腥菊，是菊科泽兰属的草本植物，于20世纪80年代入侵我国，属于高风险的入侵杂草，在南繁地区，全年都可开花结果，并且繁殖速度快，其种子可在其他作物育种时被携带传播，达到快速入侵的目的。假臭草有较强的吸收营养物质的能力，可与其他作物竞争地下养分，并且可以分泌次级代谢物质，产生较强的化感作用，加之对土壤肥力的吸收和利用能力强，竞争优势大，易形成单一优势种群，导致邻近低矮草本植物死亡。另外，因其具有刺激性气味，还会严重影响家畜觅食。

2. 防治措施

对于发生较轻的地区，可以进行人工防除，因其可以通过茎部和嫩叶部位进行无性繁殖，所以要对拔除的植株集中处理，防止再次暴发。对于化学防治，可用草铵膦单剂和草甘膦异丙胺盐+2甲4氯钠复配剂，建议在实际应用中交替施用。对于之前存在假臭草的地区，可在杂草未出芽前用乙草胺封杀，之后再次施用草甘膦进行灭杀。也可使用假臭草叶斑病病原菌来进行生物防治，其对假臭草具有较强的致病力。还有研究发现丛枝病可显著抑制假臭草生长及其种子传播，蚜虫可作为丛枝病的传播媒介，加快该病扩散，提高对假臭草生长和繁殖的抑制效果。

（三）小蓬草

1. 为害情况

小蓬草在1860年山东烟台首次被发现，之后快速传播，现今在全国各地都有存在，是中国分布最广的入侵物种之一，其可产生大量种子，通过各种因素传播，蔓延极快，并且其花期为5—9月，对秋收作物为害严重，并且可通过分泌次生物质来抑制附近植物的生长，容易形成杂草的优势种群，其还是棉铃虫和棉椿象的中间宿主，容易引起虫害的暴发。

2. 防治措施

可进行人工除草，在进行人工除草的时候，要注意其种子的清理，防止再次暴发。对于农药的使用，可在苗期使用绿麦隆，或在早春使用2,4-D丁酯防除。也可使用西玛津胶悬剂或者敌草隆可湿性粉剂进行地面的封闭处理，在杂草旺盛的时期，可直接使用草甘膦喷除，施药时注意喷施方向，不要喷施到作物上。

（四）阔叶丰花草

1. 为害情况

阔叶丰花草属于茜草科一年生草本植物，原产热带美洲，20世纪30年代引入我国华南（在1937年阔叶丰花草作为军马饲料被引进广东等地），现今已经逃逸为野生，现已成为农田最常见的杂草之一，其主要在夏、秋季为害作物，繁殖能力惊人，在一个地区能很快形成种群，与作物竞争地下营养物质，影响作物的生长发育，并且它还能在其生长的环境中分泌一种有毒物质，抑制其他种类植物的生长，严重危害当地的生态系统。

2. 防治措施

在进行人工除草时，要注意其具有很强的营养繁殖能力，斩断的茎节仍能长成新的植株，所以要集中处理残枝断茎。阔叶丰花草在甘蔗田内为害较重，甘蔗田中的阔叶丰花草用有效成分为30~60g/hm²的三氟啶磺隆钠盐防治，防效接近100%。除了化学除草剂外，苦楝枝叶和水芹菜植株也被证实含有可抑制阔叶丰花草种子萌发和幼苗生长的天然化合物。

（五）巴西含羞草

1. 为害情况

巴西含羞草在19世纪中叶发现于中国河北和山东，因其具有一定的观赏价值，主要为人工引种或在农产品运输中夹带传播扩散，但之后广泛传播，现今在中国大部分省份均有为害，属严重入侵类。巴西含羞草在土壤和空气湿度和光照都很高的情况下，能迅速生长发育，形成致密的地被和灌木丛，严重影响其他植物的生长，并且巴西含羞草密生钩刺，使人行走变得困难。

2. 防治措施

目前对巴西含羞草的防治主要是人工防除和化学防治，也可用机械防除，但是要在其未结果前拔除，效果最好。常用的化学药剂有阿特拉津、乙草胺、烟嘧黄隆等，目前巴西含羞草对常用化学药剂的抗药性较低，化学防治效果较好。

（六）凤眼蓝

1. 为害情况

凤眼蓝原产于南美的巴西东北部，属雨久花科。它还有许多俗名，如凤眼蓝、水凤仙、水风信子等。在1901年，凤眼蓝作为花卉从日本引入中国台湾，20世纪50年代作为畜禽饲料引入中国大陆，凤眼蓝现分布广泛，是目前世界上为害最严重的水生漂浮植物，被列为世界十大害草之一。其繁殖速度非常迅速，一旦入侵湖泊，在条件适宜情况下，会迅速蔓延整个水面，使得水下动植物缺乏氧气、光照，造成生态系统的单一和退化，并且在其数量多的情况下，会影响河道的流通，造成泥沙的沉积，容易形成旱灾或水灾。其死亡后还会沉入水底腐烂，对水体造成二次污染。

2. 防治措施

对于凤眼蓝的防治，要在根源处进行阻断，水体富营养化是凤眼蓝不断繁殖生长的根基，所以要控制污染水体的排放，以此减少凤眼蓝的数量。对于发生严重的地区，要及时进行人工打捞，否则其残株会造成水体的二次污染。利用其天敌来进行生物防治是一个省时省力的工作，如象甲、夜蛾等使之建立种群对凤眼蓝实施长期的控制。对于化学防治，要注意农药对环境的影响，在保证安全的情况下，可以使用农达、草甘膦等农药来进行防治，效果较好。

（七）喜旱莲子草

1. 为害情况

喜旱莲子草，又名空心莲子草、水花生、空心宽、革命草等，在20世纪30年代作为猪饲料引入中国，后逃逸为野生，目前已遍及黄河流域以南广大地区。喜旱莲子草在入侵之后会覆盖水面，降低水体溶氧量，抑制和排挤土著植物，减少生物多样性。喜旱莲子草生活史中最引人瞩目的是繁育系统，在原产地可采取有性和无性兼有的繁育系统，无性繁殖现象相当普遍，但有的种群也可以产生有活力的种子。再加上其还是水陆两栖植物，极易被携带扩散，形成单优势种群。同时，在其周边，也会为蚊虫及许多寄生虫提供产卵及生活的良好场所，由此造成大量蚊虫的滋生和寄生虫病的传播，严重危害人、畜健康。

2. 防治措施

喜旱莲子草进行的人工防除效果较差，其残株在未完全切割、粉碎前，不可随意处理，在适宜的条件下，喜旱莲子草会重新抽芽恢复，所以一般的机械难以完全清除。化学防除是抑制空心莲子草的主要措施之一。常用药剂有氯氟吡氧乙酸、草甘膦和二甲四氯等，但是一般的除草剂只是对地上部分进行灭杀，不容易传导到地下部位。原产阿根廷的曲纹叶甲又称直胸跳甲，被先后引入美国、澳大利亚和中国等地。曲纹叶甲对喜旱莲子草的水生种群有较好的防治效果，但对陆生种群以及较冷地区的种群防治效果不好，所以还需要筛选新的备选天敌。

（八）牛筋草

1. 为害情况

牛筋草为一年生杂草，分布于中国南北各省（区）及全世界温带和热带地区，其根系发达，吸收土壤水分和养分的能力很强，而且生长优势强，能有力地同田间作物竞争养分，并且当其株高超过作物时，可严重影响作物的光合作用，引起减产。

2. 防治措施

可用物理除草的办法，如在杂草未出土前进行封膜处理，提高地表温度，烫死杂草，也可在作物播种前进行翻耕，把草籽深埋地下，抑制其发芽。也可使用百草枯或草甘膦药剂来进行灭杀，但是长期的使用容易引起杂草的抗药性，导致药效下降，可与其他农药轮换使用。

（九）香附子

1. 为害情况

香附子又称为莎草、旱三棱、雷公头等，被列为世界十大恶性杂草之首，是多年生草本，具有惊人的繁殖能力，广泛分布在我国大部分地区。在生长期内，能在短时间内以数倍甚至几十倍的数量快速繁育生长，迅速占领地面，对作物的争肥争水能力极强。主要是因为其块茎、根茎、鳞茎和种子都能繁殖，极难杀死，所以除草的关键是杀根。

2. 防治措施

在香附子发生严重的区域可以进行人工或者机器耕地松土，并把块茎带出农田集中焚烧处理。对于化学药剂的使用，要详细地区分不同作物，如在玉米田可使用2甲4氯、苯达松、2甲·唑草酮等；对于果园，一般建议使用二甲·苯达松、草甘膦、草铵膦定向喷施，注意不能喷施到果树上；对于甘蔗田可使用噻吩磺隆或者甲·灭·敌草隆来进行防治。

二、南繁区不同作物田内杂草发生情况及防治措施

（一）玉米

1. 发生情况

南繁区玉米田共有100种杂草，隶属于21科，其中禾本科杂草种类最多（21种，占总数21%），菊科杂草次之（20种，占总数20%），再次是莎草科（9种，占总数9%）、茜草科（7种，占总数7%），其他科杂草共43种。南繁区玉米田杂草以秋、冬季或早春萌发的一年生杂草占优势地位，且大多数玉米田杂草均为混生群落，一般至少有3～4种杂草同时为害，单一种类比较少见。在不同田块，杂草群落优势种差异较大，对玉米生长发育及产量产生严重影响的优势杂草有牛筋草、红尾翎、短颖马唐、龙爪茅、香附子、异型莎草、碎米莎草、粟米草、伞房花耳草、野甘草、少花龙葵等。南繁区常见发生严重的优势杂草有粟米草、伞房花耳草、野甘草、少花龙葵4种，局部地区严重发生的有牛筋草、红尾翎、短颖马唐、龙爪茅、香附子、异型莎草、碎米莎草7种。

2. 防治措施

（1）植物检疫。植物检疫是防止国际或各地区间杂草等外来有害生物传播的一种预防性措施。南繁区作为中国重要的育种基地，和其他省份交流频繁，极易

受到外来物种的侵袭，所以做好检疫工作可以从源头拦截恶性杂草的远距离传播。

（2）人工防除。人工除草是玉米田除草的传统方法，包括手工拔草和使用简单农具除草。但是对于个别具有无性繁殖的植物或者繁殖能力较强的植物，人工除草费时费力，还不一定有较好的效果。对于机械除草，虽然效率高，但是却不够灵活，还需进一步改进。

（3）生物防除。利用真菌、细菌、病毒、昆虫等天敌除草或替代控制，但这种方法只对特定种类的杂草有效，而且费用较高。

（4）化学防除。苗前可选用精异丙甲草胺或精异丙甲草胺+莠去津，播种后尽早施药。苗后可选用硝磺草酮+莠去津，用药时期为杂草3~5叶期，玉米7叶期之前。在高温干旱条件下与液体肥料、矿物油、非离子表面活性剂等喷雾助剂混用没有增效作用，而与植物油型喷雾助剂混用有明显的增效作用，按照喷液量的1%添加助剂可减少20%~30%的用药量。

（二）大豆

1. 发生情况

大豆田杂草发生种类共有18科32种，其中，种类最多的为菊科6种，禾本科5种，大戟科、茜草科各3种，茄科2种，其余为苋科、白花菜科、番杏科、紫草科、藜科、旋花科、豆科、粟米草科、马齿苋科、锦葵科、梧桐科、马鞭草科及莎草科各1种。大豆田的优势杂草为香附子、墨苜蓿和牛筋草等，它们的田间密度也较大。亚优势杂草为臭矢菜、鳢肠、马齿苋、刺苞果、虎掌藤、假臭草、少花龙葵等。

2. 防治措施

（1）农业防治。通过调整行间距、最佳播种量和利用基因型具有较高的杂草竞争力的品种，可以提高作物的竞争力，但是由于南繁区的气候条件非常适合植物生长，所以需要在大豆生长前期进行几次人工除草，增加种植成本。

（2）化学防治。基于大豆育制种及后茬的安全性考虑，苗前可选用96%精异丙甲草胺乳油（金都尔）$1.5L/hm^2$，或96%精异丙甲草胺乳油（金都尔）$1.5L/hm^2$+75%噻吩磺隆可湿性粉剂$30~45g/hm^2$。播种后尽早施用除草剂，但灌溉要适当延后，尽量避免喷灌量过大。田间以阔叶草和莎草科（如香附子）为主要杂草群落，大豆苗后选用48%灭草松水剂$1.5~2.25L/hm^2$，用药时期杂草3~5叶期，大豆1~3片复叶期；田间以禾本科杂草（如牛筋草等）为主要杂草群落，苗后选用12.5%烯禾啶机油乳剂，在杂草的不同发育时期要有不同的用量。

（三）水稻

1. 发生情况

常见杂草种类共14科37种，南繁水稻田间禾本科杂草的田间频度最高，稗草（包括水稗、光头稗、无芒稗、小旱稗的1种或几种）、千金子、双穗雀稗在80%的杂草群落中为主要为害的杂草。阔叶草田间频度为90%左右，种类较多但以阔叶杂草为主要为害的杂草在水稻田杂草群落数量中较少。

2. 防治措施

（1）禾本科杂草。五氟磺草胺对低龄稗草的防效较好，但是对千金子或双穗雀稗的效果均不好；双草醚对大龄稗草、双穗雀稗均有效，对千金子无效，但是粳稻和糯稻均对其敏感；唑酰草胺对稗草、千金子和双穗雀稗均有防效，但对水稻的安全性较差，在粳稻3叶1心后使用，在籼稻4叶1心后使用，低温或叶龄小易产生严重药害；二氯喹啉酸的杀草谱较窄，对千金子几乎无效，施药时对水稻叶龄的要求高，下茬药害风险大；新型化合物二氯喹啉草酮对稗草的生物活性较高，但对千金子的活性较低；氰氟草酯对千金子高效，对低龄稗草有一定的防效，可防除双穗雀稗，并对水稻高度安全。

（2）阔叶杂草。醚磺隆、苄嘧磺隆、吡嘧磺隆为磺酰脲类除草剂，在杂草的萌发初期控制效果最好；大部分阔叶杂草对双草醚敏感，但要注意水稻生长时期，在5叶期后，水稻对双草醚的降解能力显著增强，安全性大大提高；灭草松为触杀性选择除草剂，要在喷药之前排水，喷药后1~3d灌水。

（3）莎草科杂草。灭草松、吡嘧磺隆、苄嘧磺隆、双草醚等常用阔叶杂草除草剂均有防除大部分莎草科杂草的作用；2甲4氯在水稻4叶期之前以及拔节之后施用，易产生药害，导致禾苗叶片失绿发黄、新叶葱管状、穗卷曲难以抽出、穗畸形等症状；氯吡嘧磺隆对莎草科杂草的防效好，对水稻的安全性较好，在水稻苗前苗后均能使用，粳稻施药时无须考虑水稻的生育期，但籼稻使用时要注意时间和用量的关系，作用速度慢，杂草死亡要15d左右，药物要通过杂草光合作用慢慢传导到根部，才能达到斩草除根的效果。

三、小结

本章节详细介绍了南繁区9种常见危险性杂草的为害情况及防治措施，并对不同作物田内的杂草发生情况进行介绍，提出了详细的防治方法。南繁区的杂草群落构成在不同的季节存在很大差异。夏季休闲非种植期杂草发生数量大，发生种类多。冬季种植期作物苗期杂草主要以香附子为主。对于不同作物田内的杂草更是要选择合适的除草方法，避免人力物力的浪费，对于繁殖性强的杂草，进行人工除草时，要对繁殖器官全面根除，防止再次暴发。对于化学防治，不同的杂草、不同发育时期，要选用合适的农药，以此提高药效，对于部分杂草可采用生物防治的方法，省时省力，所以要加强对备用天敌的筛选工作。对于那些入侵性的外来危险性杂草，加强检疫工作才可从源头阻断外来危险性杂草的为害，从根本上解决杂草问题。

参考文献

白玉文，2018. 飞机草在中国入侵路线、分布危害与防控对策研究[D]. 广州：华南农业大学.

范志伟，沈奕德，陆英，2007. 海南外来入侵杂草概况[C]. 中国植物保护学会2007年学术年会论文集：75-77.

范志伟，沈奕德，刘丽珍，2008. 海南外来入侵杂草名录[J]. 热带作物学报，29（6）：781-792.

耿宇鹏，2006. 入侵种喜旱莲子草在异质生境中的适应对策研究[D]. 上海：复旦大学.

顾丽平，2020. 香附子难根除正确防治很关键[J]. 农药市场信息（14）：53.

郭琼霞，于文涛，黄振，2015. 外来入侵杂草——假臭草[J]. 武夷科学（1）：130-134.

李朝会，2014. 苦楝等三种植物水浸提液对阔叶丰花草化感作用的研究[D]. 杭州：浙江农林大学.

李丹，2014. 入侵植物喜旱莲子草的资源化利用研究[D]. 合肥：安徽农业大学.

李华英，贾雄兵，劳恒，等，2009. 75%三氟啶磺隆钠盐水分散粒剂防除甘蔗田杂草的效果[J]. 杂草科学（3）：42-44.

李晓霞，沈奕德，黄乔乔，等，2017. 南繁区玉米田杂草调查与防治概述[J]. 杂草学报，35（4）：8-12.

李扬汉，1998. 中国杂草志[M]. 北京：中国农业出版社：295-296.

李振宇，解焱，2002. 中国外来入侵种[M]. 北京：林业出版社：195.

林美宏，孔德宁，周利娟，2020. 假臭草生物学特性及防治的研究进展[J]. 中国植保导刊，40（12）：82-85.

刘刚，2016. 2种除草剂防治蔗园恶性杂草香附子效果好[J]. 农药市场信息，6（9）：54.

刘延，黄乔乔，沈奕德，等，2017. 牛筋草分阶段防治技术的组合研究[J]. 杂草学报，35（4）：51-54.

刘延，沈奕德，李晓霞，等，2016. 南繁区大豆田杂草分布与防治[J]. 杂草学报，34（4）：18-22.

刘延，沈奕德，王亚，等，2019. 南繁水稻田杂草发生与化学防治[J]. 杂草学报，37（1）：51-55.

刘洋，2014. 恶性杂草香附子的发生和防治[J]. 农药市场信息（18）：44-46.

马永林，覃建林，马跃峰，等，2013. 几种除草剂对柑橘园入侵性杂草假臭草防除效果[J]. 农药，52（6）：444-446.

潘先虎，2008. 水花生的危害及其防除技术[J]. 现代农业科技（6）：102.

单家林，杨逢春，郑学勤，2006. 海南岛的外来植物[J]. 亚热带植物科学（3）：39-44.

汪凤娣，2003. 外来入侵物种凤眼莲的危害及防治对策[J]. 黑龙江环境通报（3）：21-23.

王宇，黄春艳，郭玉莲，等，2018. 海南繁育基地杂草调查及防控措施[J]. 黑龙江农业科学（5）：38-41.

王真辉，陈秋波，郭志立，等，2007. 假臭草丛枝病植原体16S rDNA检测与PCR-RFLP分析[J]. 热带作物学报，28（4）：51-56.

杨叶，张宇，王兰英，等，2012. 海南假臭草叶斑病菌分离及生物学特性[J]. 热带农业科学，32（6）：65-69.

张泰劼，崔烨，郭文磊，等，2019. 外来植物阔叶丰花草的研究进展[J]. 杂草学报，37（3）：1-5.

MAIA G L A, FALCAO-SILVA V S, AQUINO P G V, et al., 2011. Flavonoids from *Praxelis clematidea* R. M. King and Robinson modulate bacterial drug resistance[J]. Molecules, 16（6）：4828-4835.

MERCER K L, ANDOW D A, WYSE D L, et al., 2007. Stress and domestication traits increase the relative fitness of crop-wild hybrids in sunflower[J]. Ecology Letters, 10（5）：383-393.

第七章　南繁区检疫性有害生物防治

一、南繁区检疫性有害生物概述

南繁科研育种起源于1956年，至今已有60多年历史，南繁极大地缩短了我国农作物育种周期，有力地促进了我国育种事业的发展，是国家宝贵的农业科研平台。随着南繁事业的不断发展，南繁基地存在繁种单位多、来源地复杂、农作物种类多、有害生物易繁殖等问题，因此需加强南繁检疫管理，特别是要防止检疫性有害生物传播蔓延。

在已有的报道中，南繁育种基地农业植物检疫性有害生物有红火蚁和扶桑绵粉蚧等害虫；黄瓜绿斑驳花叶病毒等病毒；水稻细菌性条斑病、瓜类果斑病菌等细菌；大豆疫霉病等真菌和假高粱等杂草。据此，应加强南繁区产地检疫，相关管理部门组织技术人员定期对南繁区疑似检疫性有害生物进行监测和检测，及早发现并消除检疫性有害生物，保障南繁种业安全。

二、防治技术与方法

（一）黄瓜绿斑驳花叶病毒

黄瓜绿斑驳花叶病毒（Cucumber green mottle mosaic virus，CGMMV），属烟草花叶病毒属，在我国被列为进境植物检疫性的有害生物，具有为害严重、致病性强、防治难度大等特点，主要为害葫芦科作物。

种子要求来自无病地区，避免从黄瓜绿斑驳花叶病毒发生区引种和发生地采种，调运种子必须携附当地的植物检疫证书，严格禁止带病种苗调入调出等。培育无病壮苗，比如使用干热处理的种子和加强苗期管理，当植物新叶上出现不规则的绿色斑驳和褐色的花叶时，或者植物叶片明显变细变小，农民要及时剔除病苗、拔出弱苗，选用壮苗进行嫁接，需要注意的是，嫁接时一定要注意工具的消毒，避免出现交叉感染的情况，防止病毒进一步传播。实行轮作倒茬，比如大棚移栽地与非葫芦科作物进行2年以上的轮作倒茬。加强田间管理，发现中心病株立即拔除，带到田外集中焚烧或深埋处理。

化学防治主要分为土壤消毒和药剂预防两个方面，对发病的地块可进行土壤消毒处理，一般在7—8月高温强光照射时，用麦秸7 500～15 000kg/hm^2，切成4～6cm撒于地面，再均匀撒施石灰氮1 200～1 500kg/hm^{2}或生石灰1 500～3 000kg/hm^{2}或硝石灰1 500～2 250kg/hm^2，深翻、铺膜、灌水、密封15～20d，再移栽瓜苗。据试验研究，20%吗胍·乙酸铜可湿性粉剂500倍液和1.8%宁南霉素水剂1 000倍液对该病害有一定的效果，可缓解症状。

（二）瓜类果斑病菌

瓜类果斑病是一种严重的检疫性细菌性病害，其病原为革兰氏阴性菌的嗜酸菌属燕麦种西瓜亚种（*Acidovorax avenae* subsp. *citrulli*），是一种具有高度破坏性的种传病菌。瓜类果斑病菌又称西瓜斑菌，它可以引起甜瓜、南瓜、西瓜、黄瓜和葫芦等葫芦科植物患病。据报道，在番茄、茄子等茄科植物的种子中也检测到了该病原菌。

选用带有抗病能力的瓜类品种，在播种前使用浓度为1%的盐酸进行种子的浸渍，时间约为15min，或者选用浓度为10%的过氧乙酸200倍液浸渍约30min，也可以选用次氯酸钙进行浸渍15min，就可以实现对种子表面的病菌消除，大大降低种子培育的发病率；采用管式灌溉，防止病菌的传播，另外要选择在干燥的气候条件下进行育苗工作，防止携带感染菌引起大规模的传染，施肥要尽量选用已经腐熟的有机肥料；化学防治主要是采用铜制剂和抗生素，抗生素可以选用农用的链霉素和四环素等，在瓜类果斑病的发病初期进行喷洒能够实现对瓜类果斑病菌的完全杀死。

（三）大豆疫霉病

大豆疫霉病又名大豆疫病、大豆疫霉根腐病和大豆根茎褐腐病，是由大豆疫霉菌（*Phytophthora sojae* Kaufmann et Gerdemann）引起的一种严重的土传真菌病害。该菌可侵染生长发育各阶段的大豆，尤其是种子和幼苗阶段。

严格进行对外检疫，避免新小种的传入，同时加强国内检疫，以防病害向新区扩展；不同大豆品种对大豆疫霉病的抗性差异很大，在发病地区应大力推广使用抗耐病品种，避免使用感病品种；种植期间发现病株要及时拔除，清除田间病残体，及时集中烧毁；在发病较重地块，用甲霜灵、甲霜灵锰锌等药剂处理种子或土壤是防治大豆疫霉病的重要方法；利用各种真菌和放线菌来寄生卵孢子可减少病原菌，用多种根围细菌处理可减轻病害。

（四）假高粱

假高粱［*Sorghum halepense*（L.）Pers.］是禾本科多年生草本植物。假高粱是我国的检疫性有害生物，但近几年假高粱在海南省蔓延扩散速度加快，假高粱是很多害虫和植物病害的转主寄主，其花粉易与高粱属作物杂交，使作物产量降低，品种变劣。假高粱的分蘖能力和根状茎的分生能力都很强，根状茎发达是假高粱的重要特征。其种子更是不仅耐旱而且耐湿。所以一旦发现假高粱的踪迹，就很难彻底清除。有资料表明，用41%农达水剂（美国孟山都公司，主要成分为草甘膦）150倍液有很好的效果，药后20d就能使假高粱地上部的叶、茎、穗达到100%的防除效果；或者用高浓度0.04%的放线菌液处理假高粱幼苗，可使假高粱全部死亡。

（五）水稻细菌性条斑病

水稻细菌性条斑病（*Xanthomonas oryzae* pv. *oryzicola*）是现行国家颁布的水稻检疫对象，病原为稻生黄单胞菌条斑致病变种，属黄单胞杆菌属细菌。革兰氏染色阴性，生理生化反应与白叶枯菌相似，在20世纪60年代初在海南南繁基地首次被发现，之后发生面积不断扩大，特别是1983年，为害南繁育种水稻面积达861.6hm²，致使100万kg稻种不能作种用，损失价值300万元左右。之后南繁植检部门不断加强检疫防控措施，把水稻细菌性条斑病的发病面积控制在可控范围内，但是水稻细菌性条斑病是高度传染的细菌性病害，一旦发生就难以控制，所以要加强水稻细菌性条斑病监测与防控。

需加强调查检测，及时发现病情，及时进行防除；田间一旦发现发病中心，应立即拔除或齐泥割除病株集中处理，发病中心及其周围30m范围内立即施石灰杀灭土壤中菌源，避免病菌的大规模侵染。

（六）玉米褪绿斑驳病毒

玉米褪绿斑驳病毒（Maize chlorotic mottle virus，MCMV）隶属番茄丛矮病毒科玉米褪绿斑驳病毒属，是该科属的唯一成员。

玉米褪绿斑驳病毒主要通过带毒种子进行远距离传播，因此势必要加强对玉米种子的检验检疫工作，以防止玉米褪绿斑驳病毒的远距离扩散。培育及选用抗病品种是最经济、有效、环保的玉米褪绿斑驳病毒防治措施。玉米褪绿斑驳病毒本身不能通过化学药剂控制，但可利用化学药剂杀死其介体昆虫来达到防治玉米褪绿斑驳病毒的目的，比如利用靶向叶甲和蓟马的化学药剂对玉米种子进行包衣处理，可以有效防治苗期叶甲和蓟马，减轻玉米褪绿斑驳病毒的发生与为害。加强栽培管理主要是通过减少病源传播及增强植株抗病能力两个方面防治玉米褪绿斑驳病毒，比如建立无病留种田，使用无毒或脱毒种子，降低种子传播的危险，同时合理施肥和灌溉，增强植株抗病能力等措施。

（七）红火蚁

红火蚁（*Solenopsis invicta* Buren）属于膜翅目蚁科家蚁亚科火蚁属，2005年农业部将其列入全国植物检疫性有害生物和禁止入境检疫性有害生物。红火蚁是一种杂食性昆虫，可取食149种野生花草的种子，57种农作物，并且具有攻击性，甚至对人类的生命安全造成威胁，红火蚁会对新入侵的其他生物造成掠夺性的伤害，这将使海南的生物多样性受到破坏，甚至可能造成生态失衡，所以对红火蚁发生情况的监测时刻都不能放松。

可用热开水或肥皂水进行灭杀，并做好防护措施，避免红火蚁上身。使用0.1%茚虫威饵剂和1.0%氟蚁腙饵剂对红火蚁蚁巢及工蚁的防治效果均达到97%以上，连续施药3次，可确保蚁巢的全面灭杀。

（八）扶桑绵粉蚧

扶桑绵粉蚧（*Phenacoccus solenopsis* Tinsley），为半翅目粉蚧科绵粉蚧属的一种多食性入侵害虫，寄主范围广，适应能力强，可为害多种农作物，2010年农业部、国家林业局公告第1380号该虫被列入检疫性有害生物。扶桑绵粉蚧主要为害棉花和其他植物的幼嫩部分，包括嫩枝、花芽、叶片和叶柄，通常吸食汁液为害。受害棉株长势衰弱，生长缓慢甚至停止，也可以导致花蕾、幼铃、花脱落。该虫分泌的蜜露可诱发煤污病，最后会造成叶片脱落，严重时会造成棉株成片死亡。

海南有多种适合该虫繁殖的寄主植物，同时海南是棉花等作物的南繁基地。2014年在海南三亚的南繁基地初次发现，为防止扶桑绵粉蚧的进一步扩散和蔓延，棉田周围减少主要寄主植物如番木瓜等的种植；清除田间、地边杂草，一旦发现为害应立即使用药剂进行彻底防治，严禁携带带虫寄主出省。化学防治可用灭多威、毒死蜱、多杀霉素、阿维菌素、杀扑磷和噻虫啉6种农药对扶桑绵粉蚧各虫态均有较好的毒杀作用，其中，90%灭多威可湿性粉剂在第3天时防效达99.92%。施用25%吡虫啉可湿性粉剂1 500倍液和23%高效氯氟氰菊酯微囊悬浮剂1 500倍液，药后1d防效均达96%以上，药后3d达100%，这2种药剂防治效果佳且毒性低，对农作物及生态环境安全，可作为防治药剂推广。

三、小结

植物检疫是防止为害植物的检疫性病虫草害传播蔓延，确保农业生产安全、农业生态环境安全的有效途径，是防控农业生物灾害的重要措施。南繁区域为检疫性病虫害的多发区，应该时刻准备着应对外来物种的威胁，对于已经检测到的检疫性病虫害，要加大力度及时防治，而对于那些未检测到的潜在检疫性病虫害，更应该引起重视，建立一个完善的入侵预测模式以及风险评估体系，加强检疫工作的管理和国内省与省之间的调运检疫，减少有害生物在国内的扩散蔓延，时刻坚持"预防为主"的植保防治方针，当外来物种入侵我国时，做到第一时间发现，第一时间拦截，第一时间防治。鉴于南繁区域的独特环境，要更好地利用自身的优势，提高南繁区域的环境质量，以生物防治、理化诱控、生态调控等绿色防控手段来防治定殖已久的检疫害虫；而对于刚入侵的检疫性害虫，采用高效低毒农药进行灭除，防止其扩散为害。

在实际工作中，南繁植物检疫方面要注意南繁作物检疫性病害的防治，保护无疫区，严禁从疫区调用种苗，保证不检疫不落地，不检疫不离岛，保障南繁基地农业生产安全。

参考文献

曹永红，2017. 红火蚁的危害及综合治理措施研究[J]. 农家参谋（22）：88.

陈军，张文杰，尹奇勋，等，2020. 药剂防治红火蚁应用示范效果[J]. 广西植保，33（2）：26-28.

方世凯，冯健敏，梁正，2009. 假高粱的发生和防除[J]. 杂草科学（3）：6-8.

葛朝红，刘彦霞，周永萍，等，2018. 扶桑绵粉蚧对河北省棉花的入侵风险及预防建议[J]. 天津农林科技（4）：32-33.

蒋自珍，吴健，王成炬，等，2006. 几种除草剂对假高粱根茎灭活处理试验[J]. 植物检疫，20（2）：88-89.

黎明泉，2020. 新形势下瓜类果斑病症状识别与防控技术[J]. 农家参谋（16）：95.

李敬娜，王乃顺，宋伟，等，2018. 玉米褪绿斑驳病毒研究进展及防治策略[J]. 生物技术通报，34（2）：121-127.

李俊香，古勤生，2015. 黄瓜绿斑驳花叶病毒传播方式的研究进展[J]. 中国蔬菜（1）：13-18.

李耀发，高占林，党志红，等，2016. 玉米致死性坏死病研究进展[J]. 河北农业科学，20（5）：45-50.

林兴祖，冯健敏，梁正，等，2007. 南繁水稻细菌性条斑病发生特点及综合防控对策[J]. 杂交水稻（3）：41-42.

林兴祖，周文豪，2007. 海南南繁基地水稻细菌性条斑病的发生情况与防控措施[J]. 农业科技通讯（10）：60-61.

刘世名，李魏，戴良英，2016. 大豆疫霉根腐病抗性研究进展[J]. 大豆科学，35（2）：320-329.

马玉萍，潘长虹，孔令军，等，2006. 假高粱在连云港市的发生及防除对策[J]. 杂草科学（3）：20-22.

孟醒，桂富荣，陈斌，2018. 云南扶桑绵粉蚧的发生及防治[J]. 生物安全学报，27（4）：236-239.

孙艳会，王远路，2016. 玉米病毒病的发生及综合防治[J]. 现代农业科技（5）：145，148.

王建书，庞建光，吕艳春，等，1999. 链霉菌对假高粱防治效果的初步探讨[J]. 河南科学，17（增刊）：158-159.

王莹莹，2012. 扶桑绵粉蚧生物学和生态学特性研究[D]. 杭州：浙江农林大学.

闫仁，2019. 温室黄瓜绿斑驳花叶病毒病防控措施[J]. 农家参谋（8）：87.

叶建人，施海萍，蔡美艳，2015. 棚栽嫁接西瓜黄瓜绿斑驳花叶病毒病监测与综合防控技术规范[J]. 农业科技通讯（11）：228-229.

余霞，杨丹玲，王俊峰，等，2009. 大豆疫霉病研究进展[J]. 植物检疫，23（5）：47-50.

昝庆安，闫鹏飞，毛加梅，等，2016. 六种杀虫剂对扶桑绵粉蚧的毒力和防治效果[J]. 环境昆虫学报，38（4）：761-765.

张强，林金成，强胜，2004. 检疫口岸假高粱检出率分析及其防治[J]. 安徽农业科学，32（3）：448-451.

张润志，薛大勇，2005. 我国如何应对红火蚁入侵[J]. 中国科学院院刊，20（4）：283-287.

周祥，陈泽坦，2005. 红火蚁及其入侵海南的风险与防控对策[J]. 热带农业学，25（4）：48-51.

BAHAR O, BURDMAN S, 2010. Bacterial fruit blotch: a threat to the cucurbit industry [J]. Israel Journal of Plant Sciences, 58（1）：19-31.

KING A M, ADAMS M J, LEFKOWITZ E J, et al., 2012. Virus taxonomy: classification and nomenclature of viruses: ninth report of the International Committee on Taxonomy of Viruses [M]. Amsterdam: Academic Press.

RANE K K, LATIN R X, 1992. Bacterial fruit blotch of watermelon: Association of the pathogen with seed [J]. Plant disease, 76（5）：509-512.

第八章　南繁区草地贪夜蛾防治

　　草地贪夜蛾（*Spodoptera frugiperda*）属于鳞翅目夜蛾科害虫，又称秋黏虫，是热带地区周年发生的重要害虫，具有迁飞速度快、繁殖能力强、适生区域广、防控难度大的特点。2016年草地贪夜蛾入侵到非洲大部分地区，导致当地大面积玉米受灾，2018年年初进入亚洲在印度广泛传播，之后快速扩散到泰国、斯里兰卡等国，2018年12月通过中缅边境零星进入我国云南境内。目前，草地贪夜蛾完成了在中国的入侵和定殖过程，基本遍及各主要玉米产区，严重威胁着我国的玉米生产。草地贪夜蛾喜热怕凉，在冬季寒冷地区不能越冬，因而在国内大部分地区，该虫不能在当地完成周年发生，需要在华南和西南地区越冬，海南作为草地贪夜蛾的周年繁殖区，冬季内地的虫源可能大量迁入，在此繁殖、越冬，主要防控策略是减少迁出虫源数量，实施周年监测发生动态，全力扑杀境外迁入虫源，遏制当地滋生繁殖，减轻迁飞过渡区防控压力，监测热带地区草地贪夜蛾动态至关重要。

　　国内自草地贪夜蛾入侵以后，开展了大量研究，包括生物学特性、监测预警、农业防治、生物防治、化学防治等多个方面。明确了入侵我国的草地贪夜蛾的发育起点温度、有效积温、过冷却点等多项草地贪夜蛾重要生物学指标；基于我国草地贪夜蛾发生分布现状和田间为害特征，提出了草地贪夜蛾成虫、卵、幼虫、蛹等不同虫态的种群监测方法；测试了性诱捕器、高空诱虫灯、虫情测报灯等多种监测诱捕设备对草地贪夜蛾的监测效果；探讨了种植抗性耐受品种、播期调整、间套作、水肥管理等农业防治技术防治草地贪夜蛾的可行性；发掘和评价了多种草地贪夜蛾生物防治天敌；测试了氯虫苯甲酰胺、甲维盐等多种农药对草地贪夜蛾的室内毒力和田间药效，确定了氯虫苯甲酰胺、甲维盐和乙基多杀菌素等药剂对草地贪夜蛾具有较好的室内毒力和田间防控效果，可用于应急防控，同时Bt和白僵菌、绿僵菌等微生物农药具有保护生态环境的优点，由于防效较低、速效性差，适用于种群密度低或者高湿等利于疾病流行环境的草地贪夜蛾防控。

一、理化诱控

昆虫信息素，又称昆虫外激素，是昆虫在性成熟后由特定腺体合成并释放到体外的一种微量化学信息物质，其在同种昆虫个体求偶、觅食、栖息、产卵、自卫等过程中起关键作用。昆虫信息素主要包括性信息素、聚集信息素、示踪信息素、报警信息素，其中性信息素具有高度的专一性，不仅可以对靶标害虫的发生期与发生量进行预测预报，有助于指导用药，提高农药使用效率，还能引诱并杀灭靶标雄虫，显著降低靶标害虫的种群数量，减少作物经济损失。为探讨应用性诱剂在热带地区监测草地贪夜蛾的效果，评价了4种性诱剂诱芯的田间诱捕效果，并对诱捕器的不同类型和悬挂高度对诱捕效果的影响进行了研究，旨在筛选出适合在热带地区使用、诱集效果较好的性引诱剂，并明确诱捕器的类型及悬挂高度对诱捕效果的影响，以期为周年繁殖区草地贪夜蛾性诱剂的科学使用提供参考。

Mitchell等1989年就对草地贪夜蛾诱捕器做了研究，发现3种颜色组成的诱捕器诱捕效果强于单色诱捕器，表明草地贪夜蛾对颜色有一定的识别性。Malo等2018年研究了捕集器大小、颜色对草地贪夜蛾监测效果，发现自制水壶诱捕器诱捕效果好于商业诱捕器和水瓶诱捕器，黄色诱捕器捕获草地贪夜蛾数量显著高于蓝色和黑色诱捕器。在化学生态学研究方面，印度开展了草地贪夜蛾雄性成虫对信息素的电生理响应研究。Esteban等（2018）鉴定了草地贪夜蛾雌蛾释放3种化合物：（Z）-9-十四烯基乙酸酯、（Z）-7-十二烯基乙酸酯和（Z）-11-十六烯基乙酸酯，其中前两种化合物可引起最高和最可变的触角反应，然而，田间用不同成分比率进行试验时，雄蛾不会被信息素混合物所吸引。

（一）不同诱芯诱捕效果

试验地点位于中国热带农业科学院儋州院区六坡实验地进行，周围地势平坦，供试玉米品种为皇冠超甜玉米（海南绿川种苗有限公司的市售种子），2019年3月25日播种，试验期为玉米苗期到收获期。供试诱芯分别为宁波纽康生物技术有限公司（简称NK）、北京中捷四方生物科技股份有限公司（简称ZJ）、深圳百乐宝生物农业科技有限公司（简称BLB）和福建英格尔生物技术有限公司（简称YGE）4家生产的草地贪夜蛾毛细管诱芯。供试诱捕器采用福建英格尔生物技术有限公司草地贪夜蛾专用桶形诱捕器。

4种诱芯为4个处理，5次重复，共20个试验小区，随机区组排列。单个诱捕器放置于1亩玉米地的几何中心，隔20d更换一次诱芯。试验自4月9日开始，持续至6月17日，每日8时记录诱捕器中的虫口数量，并清除收集到的草地贪夜蛾。

　　4种不同诱芯对草地贪夜蛾的诱集量有明显差异（图8-1）。由图8-1可以看出，4种诱芯监测草地贪夜蛾均出现2个诱虫峰值，4月24日，NK和ZJ出现第一个峰值，而BLB和YGE的峰值分别在4月18日和4月24日；第二次峰值，ZJ和YGE出现在5月30日，而NK和BLB出现在6月2日，6月8日后诱虫数量明显减少。各诱芯日均诱捕草地贪夜蛾数量各不相同（图8-2），YGE诱芯日均诱蛾量达9.33头，显著高于其他3种诱芯（$P<0.05$），其他3种诱芯日均诱捕草地贪夜蛾数量无显著差异。

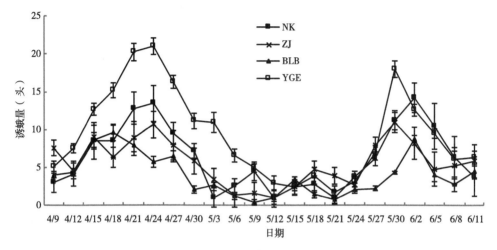

图8-1　不同诱芯对草地贪夜蛾的田间诱集作用

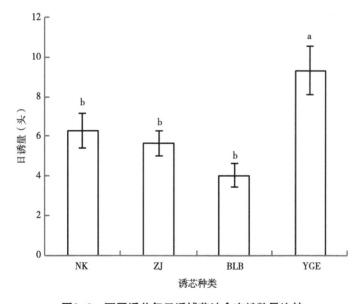

图8-2　不同诱芯每日诱捕草地贪夜蛾数量比较

注：图柱上不同小写字母表示差异显著（$P<0.05$）。

（二）不同诱捕器效果比较

选择设置船形诱捕器（福建英格尔生物技术有限公司）和桶形诱捕器（福建英格尔生物技术有限公司）2个处理，每处理重复5次，随机区组设计。每个诱捕器配置1枚性诱芯（YGE），置于距地面1.5m高度。试验时间为4月27日至6月17日，每日8时记录诱捕器中的虫口数量，并清除收集到的草地贪夜蛾。

船形诱捕器和桶形诱捕器对草地贪夜蛾的诱集量有明显差异，船形诱捕器无明显诱蛾高峰，而桶形诱捕器有明显峰值（5月30日，16.76头）（图8-3）。船形诱捕器和桶形诱捕器平均每日诱捕到的草地贪夜蛾数量分别为8.27头、7.33头，方差分析表明两种诱捕器无显著差异；桶形诱捕器的最大日诱蛾量（16.76头）显著高于船形诱捕器（10.59头）（$P<0.05$）（图8-4）。

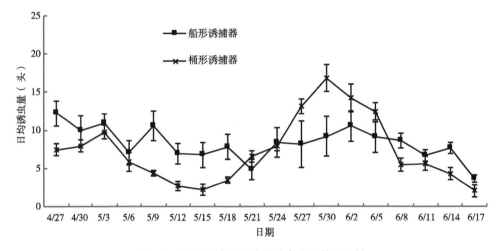

图8-3　不同诱捕器诱捕草地贪夜蛾效果比较

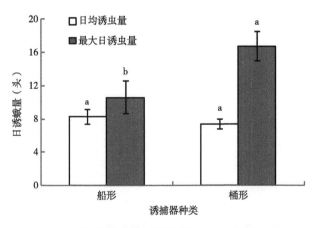

图8-4　不同诱捕器每日诱捕草地贪夜蛾数量比较

注：相同颜色图柱上不同小写字母表示差异显著（$P<0.05$）。

（三）悬挂高度效果比较

选择桶形诱捕器（福建英格尔生物技术有限公司）悬挂于1m、1.5m和2m高度3个处理，每处理重复5次，随机区组设计。每个诱捕器配置1枚性诱芯（YGE），试验时间为4月27日至6月17日，分苗期、喇叭口期和抽雄期3个时期记录日诱蛾量。试验时间为4月9日至6月11日，每日8时记录诱捕器中的虫口数量，并清除收集到的草地贪夜蛾。

对诱捕器悬挂不同高度诱捕草地贪夜蛾进行了评价，结果发现不同高度诱蛾量有显著差异（$P<0.05$）（图8-5）。苗期，悬挂高度越低，诱蛾量越大，诱捕器悬挂1m高度日诱蛾量8.33头，显著高于1.5m和2m的悬挂高度；喇叭口期，诱捕器悬挂1.5m的高度日诱蛾量6.78头，显著高于另两个高度处理；抽雄期，诱捕器悬挂2m和1.5m的高度日诱蛾量分别为2.15头、1.61头，方差分析表明两种高度无显著差异，1m高度的诱蛾量最少。

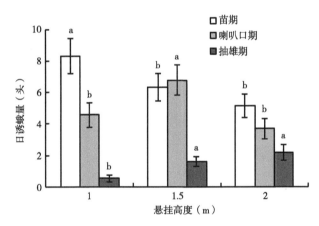

图8-5 不同诱捕器每日诱捕草地贪夜蛾数量比较

注：相同颜色图柱上不同小写字母表示差异显著（$P<0.05$）。

（四）小结

不同类型诱捕器搭配不同的诱芯会出现不同的效果，筛选出适合当地区域的诱芯和诱捕器使用技术对于监测草地贪夜蛾至关重要。本研究在海南省儋州市进行了草地贪夜蛾性诱剂诱芯及诱捕器筛选试验，收集目前市场上主要的草地贪夜蛾诱芯及诱捕器并进行试验，筛选出在海南使用效果较好的草地贪夜蛾诱芯及诱捕器使用方式，为该虫热带地区防控提供依据。诱芯筛选中，4种诱芯对草地贪夜蛾雄蛾均有一定的监测效果，监测过程中均出现一个双峰形的诱虫动态，但各诱芯日均诱捕草地贪夜蛾数量各不相同，YGE诱芯日均诱蛾量显著高于其他3种诱芯，就此方面显示出对草地贪夜蛾雄蛾较好的诱捕效果。

诱捕器筛选试验中，桶形诱捕器和船形诱捕器的诱蛾量基本一致，但桶形诱捕器在监测中出现明显的峰值，对于监测草地贪夜蛾来说效果更佳。本试验所显示的当诱芯在玉米苗期悬挂1m高度时诱捕效果最好，喇叭口期和抽雄期悬挂1.5m诱捕效果最好，此结果能否适用于别的时间段的成虫，还需要进一步研究。本试验监测的时间仅为一个玉米种植期，其结果不能完全代表整个热带地区草地贪夜蛾的发生动态，需要进一步大面积观察和研究使用性信息素诱杀草地贪夜蛾的技术。

二、化学防治

海南是草地贪夜蛾的周年繁殖区，常年有玉米种植，特别是冬季鲜食玉米的种植为草地贪夜蛾越冬提供了优越的寄主条件，为翌年草地贪夜蛾在全国范围的发生提供了虫源。因此，要加强可持续治理和关键时期防控，控制当地为害，减少迁出虫量，实施群防群治与统防统治相结合，压低一代基数。而当草地贪夜蛾虫口数量较大时，需要采用化学农药进行应急防控。为更好地在海南防控草地贪夜蛾，减少越冬虫源，下面对市场中常用的几种药剂进行了草地贪夜蛾室内毒力及田间防效试验，以期为海南草地贪夜蛾的防控提供参考。

（一）室内毒力测定

1. 测定方法

（1）供试虫源。室内毒力试验所用草地贪夜蛾幼虫均由热带农业科学院环境与植物保护研究所提供。2019年5月将采自儋州那大镇玉米田间的草地贪夜蛾幼虫于养虫室内温度（26±1）℃、湿度（70±5）%、光周期L：D=14h：10h条件下用玉米叶连续饲养4代以上达到稳定，选取大小、活跃程度相当的3龄幼虫作为室内毒力试验的供试虫源。

供试寄主植物为田间种植的玉米，品种为粤甜9号，试验期内处于7～11叶期，整个生长期正常管理，不施用任何农药，长势均匀。

（2）供试药剂。甲氨基阿维菌素苯甲酸盐（甲维盐）原药（山东省青岛润生农化有限公司，有效含量99%）、氯虫苯甲酰胺原药（上海杜邦农化有限公司，有效含量95.3%）、溴氰虫酰胺原药（苏州市泰越生物科技有限公司，有效含量98%）、茚虫威原药（以色列马克西姆化学公司，有效含量95%）（表8-1）。

（3）试验方法。根据《化学农药环境安全评价试验准则》，采用浸叶法进行试验。根据预试验确定的毒力测定质量浓度范围，将供试农药用含有丙酮的蒸馏水稀释成6个系列质量浓度梯度（甲维盐：0.05mg/L、0.025mg/L、0.012 5mg/L、0.006 25mg/L、0.003 125mg/L、0.001 563mg/L；氯虫苯甲酰胺：2mg/L、1mg/L、0.5mg/L、0.25mg/L、0.125mg/L、0.062 5mg/L；溴氰虫酰胺：4mg/L、2mg/L、1mg/L、0.5mg/L、0.25mg/L、0.125mg/L；茚虫威：10mg/L、5mg/L、2.5mg/L、1.25mg/L、0.625mg/L、0.312 5mg/L）。将玉米叶片（选取大小相当的叶片，剪成10cm长的片段）浸入供试农药中，10s后取出并晾干，放入试管（直径2cm，长度20cm）中，每管接入草地贪夜蛾3龄幼虫一头，每处理30头，重复3次。以用含有丙酮的蒸馏水浸渍玉米叶作为对照，后用棉塞将管口封住，将试虫置于温度（26±1）℃、湿度（70±5）%的人工气候箱中饲养，分别在24h及48h后检查记录死亡的虫数，以毛笔触动虫体不动为死亡标准。用SAS 9.4统计软件进行毒力回归计算，得到毒力回归方程，LD_{50}、LD_{95}值及95%置信区间。

表8-1　不同药剂对草地贪夜蛾的田间防效试验所用药剂参数

药剂名称	剂型	生产厂家	规格（mL）	推荐用量（mL/hm²）	小区（36m²）用量（mL）
5%甲氨基阿维菌素苯甲酸盐	微乳剂	山东省青岛润生农化有限公司	100	300	1.08
20%氯虫苯甲酰胺	悬浮剂	上海杜邦农化有限公司	100	150	0.54
10%溴氰虫酰胺	悬浮剂	苏州市泰越生物科技有限公司	20	150	0.54
15%茚虫威	乳油	以色列马克西姆化学公司	50	450	1.62

2. 防治效果

甲维盐等4种农药对草地贪夜蛾3龄幼虫的毒力情况如表8-2所示，甲维盐相对于其他3种药剂LD_{50}及LD_{95}要小，茚虫威的LD_{50}及LD_{95}最大；处理48h相对于处理24h，4种药剂的LD_{50}和LD_{95}均不同程度减小。

表8-2 杀虫剂对草地贪夜蛾室内毒力测定

药剂名称	处理时间（h）	毒力回归方程	LD$_{50}$（95%置信区间）（mg/L）	LD$_{95}$（95%置信区间）（mg/L）	卡方值
甲维盐	24	$y=2.7126x+1.8805$	0.0361（0.02743~0.04720）	0.2705（0.16965~0.57010）	58.08
	48	$y=4.9169x+2.5536$	0.0119（0.00849~0.01515）	0.0523（0.03726~0.09456）	36.91
氯虫苯甲酰胺	24	$y=1.0006x+2.0792$	0.3302（0.25702~0.42471）	2.0411（1.33323~3.97883）	62.05
	48	$y=1.8241x+2.2284$	0.1519（0.11398~0.19368）	0.8309（0.57119~1.51643）	52.14
溴氰虫酰胺	24	$y=0.6173x+2.0996$	0.5081（0.39209~0.64988）	3.0861（2.05389~5.83748）	60.76
	48	$y=1.0978x+1.8646$	0.2578（0.17761~0.34278）	1.9651（1.27416~4.06064）	44.92
茚虫威	24	$y=-0.6473x+2.1332$	2.0111（1.57746~2.58893）	11.872（7.75448~23.13766）	62.71
	48	$y=-0.0389x+1.9108$	1.0479（0.78141~1.36313）	7.6058（4.89680~15.42616）	55.05

注：显著性$P<0.05$。

（二）田间药效试验

1. 方法

试验在海南省儋州市那大镇宝岛新村玉米田中进行，试验地块面积10亩，试验前已暴发草地贪夜蛾疫情，平均虫口密度每100株20头以上，玉米品种为粤甜9号，处于喇叭口期。试验选用了甲维盐、氯虫苯甲酰胺、溴氰虫酰胺、茚虫威4种药剂的相关市售产品进行田间药效试验，相关参数见表8-1，按表8-1中小区用量量取对应药剂，加入背负式电动喷雾器（3WBD-18型，台州市多来乐农业机械厂）后用2.70L清水充分混匀后，均匀喷施到对应小区，以清水为对照，共计5个处理，每个处理设置3个重复小区，每个小区36m²，各小区之间设置1m宽的隔离带。施药后分别于第1天、第3天、第7天、第11天和第14天调查记录每个小区的存活幼虫数量。按照式（8-1）、式（8-2）计算虫口减退率、防效等参数，并用SAS 9.4统计软件比较不同药剂对草地贪夜蛾的防控效果，对于防效有显著差异的利用Tukey's HSD方法进行多重比较。

虫口减退率（%）=（药前虫口数-药后活虫数）/药前虫口数×100　（8-1）

$$防效（\%）=（处理区虫口减退率-对照区虫口减退率）/$$
$$（100-对照区虫口减退率）\times 100 \qquad (8-2)$$

2. 防治效果

甲维盐悬浮剂等4种药剂对草地贪夜蛾的田间防控效果，如表8-3所示，4种药剂对草地贪夜蛾均有较好防效，3~7d防治效果达到最佳，11d后防效有所下降，到第14天防效大幅下降。20%氯虫苯甲酰胺悬浮剂对草地贪夜蛾幼虫的最佳防效时间为3~11d，且1~14d防治效果都在80%以上，持效期较长。通过观察发现，在防治过的玉米田块，后期陆续有新的草地贪夜蛾虫源迁入，在试验田块里产卵，孵化的幼虫继续为害玉米，影响了防治效果。

表8-3　不同药剂对草地贪夜蛾的田间防控效果（%）

药剂	施药后第1天		施药后第3天	
	虫口减退率	防效	虫口减退率	防效
5%甲氨基阿维菌素苯甲酸盐	85.24 ± 0.50 aB	85.46 ± 0.49 aB	92.00 ± 1.04 aA	92.83 ± 0.93 aA
20%氯虫苯甲酰胺	82.69 ± 1.66 aC	82.43 ± 1.68 aB	90.54 ± 0.45 aAB	89.44 ± 0.50 aA
10%溴氰虫酰胺悬浮剂	49.97 ± 3.47 cCD	49.21 ± 3.52 cB	82.82 ± 0.41 bB	80.82 ± 0.46 bA
15%茚虫威乳油	67.56 ± 2.12 bC	67.06 ± 2.15 bD	90.64 ± 0.36 aAB	89.55 ± 0.40 aA

药剂	施药后第7天		施药后第11天	
	虫口减退率	防效	虫口减退率	防效
5%甲氨基阿维菌素苯甲酸盐	81.48 ± 1.07 bB	79.83 ± 1.16 bC	81.48 ± 1.07 bB	79.83 ± 1.16 bC
20%氯虫苯甲酰胺	92.23 ± 0.35 aA	92.87 ± 0.32 aA	92.23 ± 0.35 aA	92.87 ± 0.32 aA
10%溴氰虫酰胺悬浮剂	41.36 ± 2.59 cD	46.18 ± 2.37 cB	41.36 ± 2.59 cD	46.18 ± 2.37 cB
15%茚虫威乳油	80.56 ± 2.42 bB	82.15 ± 2.22 bB	80.56 ± 2.42 bB	82.15 ± 2.22 bB

药剂	施药后第14天	
	虫口减退率	防效
5%甲氨基阿维菌素苯甲酸盐	67.53 ± 1.08 bC	58.81 ± 1.38 bD
20%氯虫苯甲酰胺	80.45 ± 2.20 aBC	84.59 ± 1.73 aB
10%溴氰虫酰胺悬浮剂	48.64 ± 3.24 bcC	59.52 ± 2.56 bcB
15%茚虫威乳油	43.56 ± 3.86 cD	55.51 ± 3.04 cC

注：表中同一列中有相同小写字母代表0.05水平下差异不显著。同一行中同一指标后面相同大写字母代表施药后不同时间该指标0.05水平下无显著差异。

（三）小结

海南属于我国草地贪夜蛾周年发生为害区，按照农业农村部印发的《2020年全国草地贪夜蛾防控预案》的相关要求，应重点扑杀草地贪夜蛾境外迁入虫源，遏制本地滋生繁殖，控制本地危害损失，减少迁出虫源数量；采用生物防治，如采用白僵菌、绿僵菌、核型多角体病毒（NPV）等生物制剂早期预防幼虫，充分保护利用夜蛾黑卵蜂、螟黄赤眼蜂等寄生性天敌及蠋蝽等捕食性天敌，因地制宜采取结构调整等生态调控措施，减轻发生程度，减少化学农药使用，促进可持续治理；同时海南草地贪夜蛾的防控还关系到全国草地贪夜蛾的防控，在海南做好防控，减少虫源基数，将减少内地草地贪夜蛾的虫源基数，减轻其对玉米等作物的为害，实现源头治理，做到事半功倍。海南草地贪夜蛾也存在小范围或区域性暴发的可能性，筛选优化适合海南这个特殊的地理和气候条件的、用于草地贪夜蛾应急防控的药剂，具有十分重要的意义。本研究中测试了甲维盐等4种药剂对草地贪夜蛾的室内毒力及田间药效情况，结果显示所试4种药剂均有较好的室内毒杀效果及田间防治效果，均可用于草地贪夜蛾的防控。

甲维盐是一种甲维菌素B_1合成的大环内酯双糖类化合物，为新型高效半合成抗生素杀虫剂。其作用机制是通过扰乱昆虫体内的神经传导过程，促进氯离子进入神经细胞导致细胞功能丧失，使昆虫停止进食麻痹死亡。国内外研究表明，甲维盐对黏虫、斜纹夜蛾和甜菜夜蛾等夜蛾科害虫具有较好的毒杀效果或田间防效。草地贪夜蛾也是一种夜蛾科害虫，与斜纹夜蛾的亲缘关系较近，本研究表明甲维盐对草地贪夜蛾同样具有较好的毒杀效果和田间防效。

氯虫苯甲酰胺是由杜邦公司开发的新型邻酰胺基苯甲酰胺类杀虫剂，其作用于鱼尼丁受体，具有杀虫谱广、选择性强、作用机制独特而与常规杀虫剂无交互抗性。很多专家学者测试了该药对草地贪夜蛾的室内毒力和田间防效，结果表明该药对草地贪夜蛾具有较好的室内毒杀效果及田间防效，在用药5～7d后田间药效能达到85%以上，在7d左右达到最佳防治效果，与研究的试验结果相似。本研究中氯虫苯甲酰胺的持效性最好，药后3～11d防效均能达到85%以上。海南省是草地贪夜蛾的周年繁殖区，存在草地贪夜蛾的迁入和迁出，以及本地虫源在不同玉米田块的扩散，田间草地贪夜蛾虫龄、虫态重叠较为普遍。药剂对草地贪夜蛾的防效往往会因为新虫源的不断迁入繁殖而降低，因此持效期相对长一点的药剂可能对用药后新迁入的虫源繁殖的幼虫有一定的防治效果。

溴氰虫酰胺、茚虫威在本研究中药后3～7d对草地贪夜蛾的田间防效也能分别达到80%和85%以上。溴氰虫酰胺也是作用于鱼尼丁受体的一类新型杀虫剂，相比于氯虫苯甲酰胺具有更广谱的杀虫范围。但在本研究中其对草地贪夜蛾的田间防效相对差一些，持效期更短，在海南玉米的生产实践中可优先选择氯虫苯甲酰胺或甲维盐来防治草地贪夜蛾。茚虫威是一种新型钠通道抑制剂，进入昆虫体后，在脂肪体特别是中肠中代谢为杀虫活性更强的N-去甲氧羰基代谢物，不可逆阻断钠离子通道，导致昆虫运动失调、停止取食、麻痹并死亡。室内毒力试验表明茚虫威对草地贪夜蛾具有较好的毒杀效果，同时其与甲维盐的复配剂也显示了较好的田间防治效果。

三、生物防治

（一）生物防治技术

1.寄生蜂和寄生蝇

国外对草地贪夜蛾的生物防治技术研究较多，大部分集中在寄生性天敌方面。在草地贪夜蛾原产地美洲和加勒比地区，寄生其卵、幼虫、蛹和成虫的天敌共记录了150多种，分别来自13个科，其中膜翅目9科、双翅目4科。膜翅目中姬蜂和茧蜂种类最多，分别为36种和28种；双翅目中寄蝇科种类最多，有55种。

在美洲，北美洲的美国，主要寄生蜂为夜蛾黑卵蜂［Telenomus remus（Nixon）］、缘腹绒茧蜂［Cotesia marginiventris（Cresson）］、网螟甲腹茧蜂［Chelonus texanus（Cresson）］、岛甲腹茧蜂［Chelonus insularis（Cresson）］和长距姬小蜂［Euplectrus platyhypenae（Howard）］，蛹寄生蜂为Diapetimorpha introita（Cresson），寄生蝇为Archytas marmoratus（Townsend）；墨西哥主要寄生蜂为茧蜂Chelonus insularis、内茧蜂Rogas vaughani（Muesebeck）和Rogas laphygmae（Viereck），寄生蝇为Archytas marmoratus和Lespesia archippivora（Riley）；中美洲的洪都拉斯，主要寄生蜂为茧蜂Chelonus insularis、脊茧蜂Aleiodes laphygmae（Viereck）和黑唇姬蜂Campoletis sonorensis（Cameron）；南美洲，最普遍的寄生蜂为茧蜂Chelonus insularis、悬茧蜂Meteorus laphygmae（Viereck）、齿唇姬蜂Campoletis grioti（Blanchard）和瘦姬蜂属（Ophion sp.），寄生蝇为Archytas incertus（Macquart）和A. marmoratus，在阿根廷寄生蜂田间寄生率可高达39.4%。其中，Chelonus insularis在美洲拥有最广泛的自然分布。

在非洲，Sisay等（2018）对草地贪夜蛾在埃塞俄比亚、肯尼亚和坦桑尼亚的本地天敌进行了调查，在卵和幼虫中共发现5种常见寄生性天敌，包括4种膜翅目和1种双翅目昆虫。在埃塞俄比亚，Cotesia icipe是占优势的幼虫寄生蜂，寄生率在33.8%~45.3%；在肯尼亚，Palexorista zonata是主要的寄生蝇，寄生率为12.5%；Charops ater和Coccygidium luteum是肯尼亚和坦桑尼亚最常见的寄生蜂，寄生率分别为6%～12%和4%～8.3%。

在亚洲，Shylesha等（2018）调查了印度南部草地贪夜蛾的寄生性天敌，其中卵寄生蜂有黑卵蜂属（*Telenomus* sp.）和赤眼蜂属（*Trichogramma* sp.），幼虫寄生蜂有绒茧蜂［*Glyptapanteles creatonoti*（Viereck）］和棉铃虫齿唇姬蜂［*Campoletis chlorideae*（Uchida）］，幼虫－蛹的寄生蜂发现姬蜂科1种，其中，*G. creatonoti*是控制草地贪夜蛾的主要寄主性天敌。

在寄生性天敌中目前防控效果比较好、广泛分布的主要包含以下几种。

（1）夜蛾黑卵蜂［*Telenomus remus*（Nixon）］。属于膜翅目（Hymenoptera）缘腹细蜂科（Scelionidae），是多种鳞翅目夜蛾科害虫重要天敌，作为草地贪夜蛾最重要的卵寄生蜂，*T. remus*能将害虫消灭于卵期，从而有效防治害虫在幼虫期对作物的为害。Nixon（1937）首次在马来西亚吉隆坡的乌鲁贡巴克首次描述了*T. remus*，Schwartz和Gerling（1974）研究*T. remus*具有较高的寄生率，Pomari等（2012）研究在19～28℃，*T. remus*对草地贪夜蛾卵有较高的寄生潜力和羽化率，适合作为寄主用于大量繁殖*T. remus*。

利用*T. remus*防治草地贪夜蛾的研究最早在美洲开始，由于寄生率高，它被几个国家成功用作生物防治寄生蜂。在试验条件下，*T. remus*可在草地贪夜蛾或其他寄主上大量生产并在田间释放；雌虫一生中平均产卵270粒，通常是在每个寄主卵中单独产卵，可避免超寄生，同时还能够寄生整个卵块；在玉米地中，释放*T. remus* 5 000～8 000头/hm²，寄生可达到78%～100%，可完全控制草地贪夜蛾。目前，利用*T. remus*防治草地贪夜蛾技术越来越成熟，巴西、墨西哥、委内瑞拉等国家在利用*T. remus*防治草地夜蛾中均取得了显著效果，大面积利用*T. remus*防治草地贪夜蛾遇到的主要挑战是大规模生产寄主，以及寄主人工饲料的开发。Kenis等（2019）在非洲也发现了*T. remus*，可将此蜂作为拟寄生物用于对草地贪夜蛾的生物防治。我国2009年在广州葱地甜菜夜蛾（*Spodoptera exigua*）卵块上首次采获*T. remus*，之后对个体发育、嗅觉反应及寄生能力等方面进行了研究，为*T. remus*的大量繁殖和田间应用提供了科学依据。

（2）缘腹绒茧蜂和岛甲腹茧蜂。Meagher等（2016年）在美国佛罗里达州南部3个县的甜玉米中调查发现最常见的寄生蜂为缘腹绒茧蜂和岛甲腹茧蜂，25个采样点分别有23个和18个发现了这两种寄生蜂。

缘腹绒茧蜂（*C. marginiventris*）原产于美洲，目前遍布南美洲和中美洲，主要寄生1龄和2龄幼虫，卵的兼性寄生也有报道。寄主种群在低密度下，*C. marginiventris*发生寄主交替现象，但其最佳寄主如草地贪夜蛾种群数量增加时，会定向选择草地贪夜蛾寄生。

岛甲腹茧蜂（*C. insularis*）是草地贪夜蛾的重要寄生性天敌，其为跨卵-幼虫期寄生蜂，除寄生草地贪夜蛾外，还可以寄生黏虫、非洲黏虫、草坪黏虫等鳞翅目其他昆虫。*C. insularis*通过在寄主内产卵后启动寄主生理因子，即使没有发生寄生发育也可导致寄主幼虫早熟转蛹。就生物控制而言，假寄生的结果虽然不会增加下一代寄生蜂，但会增加害虫幼虫死亡率。

2. 线虫

Noctuidonema guyanense（Remillet & Silvain）是最重要的草地贪夜蛾外寄生线虫。最早在1988年Remillet研究发现*N. guyanense*可寄生草地贪夜蛾，之后，人们对其生命周期和寄主范围进行了研究，发现*N. guyanense*能侵染25种夜蛾科昆虫，草地贪夜蛾是最常被侵染的品种，并确定了该线虫的分布和流行情况，主要发生在北美洲南部、南美洲北部和中美洲加勒比地区国家。哥伦比亚发现的新线虫*Neoaplectana carpocapsae*（Weiser）对草地贪夜蛾防控也有一定的效果，但目前还没有商业化产品。Wyckhuys等（2006）研究发现，线虫*N. guyanense*田间寄生率很低，仅为3.8%。

3. 病原真菌

单独使用昆虫病原真菌也很难防控草地贪夜蛾幼虫，即使在高剂量下也不能显著死亡。Carneiro等（2008）发现24株白僵菌中仅有4株对浸泡在含水分生孢子悬浮液中的2龄草地贪夜蛾幼虫致死。Thomazoni等（2014）研究发现49株球孢白僵菌菌株中没有1株对3龄幼虫造成死亡率超过44.9%。Borja等（2018）通过将毒死蜱乙基、多杀菌素、球孢白僵菌和金龟子绿僵菌结合，可以增加真菌虫生孢子形成，提高草地贪夜蛾的死亡率。说明化学杀虫剂和昆虫病原真菌组合可以改善真菌感染性，同时降低杀虫剂的田间剂量，减少对环境的负面影响，可以使用特定的组合防控草地贪夜蛾。Shylesha等（2018）在印度调查时发现大量莱氏野村菌［*Nomuraea rileyi*（Farlow）］可感染草地贪夜蛾。

4. 病毒

昆虫颗粒体病毒（Granulosis Virus，GV）的使用可以安全和有效防控夜蛾类害虫，哥伦比亚和巴西的研究表明SfGV病毒是腹腔病毒，是一种缓慢杀灭的β杆状病毒，对草地贪夜蛾有较好的防治效果。Pidre等（2019）的研究鉴定了一种原产于阿根廷中部地区的草地贪夜蛾粒状病毒的新分离物，命名为SfGV ARG，观察到感染该病毒的幼虫体色呈黄色、体内肿胀，最后腹部表现出明显的损伤而死亡。尽管SfGV不是单独作为生物防治最好的方法，但当用于病毒混合物进行防治时，它可以增强核多角体病毒（Nuclear Polyhedrosis Virus，NPV）

的感染。

（二）海南草地贪夜蛾寄生蜂

1. 种类及鉴别特征

田间采集草地贪夜蛾各虫态，带回实验室用养虫盒饲养（25cm×14cm×7cm，盒盖封有300目纱网）。不同虫态分开饲养管理，收集羽化的寄生蜂，并继代扩繁。成蜂样本用带有测微尺的体视显微镜（Nikon SMZ1500）拍照，并观察记录形态特征。

寄生蜂鉴定得到了福建农林大学宋东宝教授、中国科学院动物研究所曹焕喜博士、华南农业大学王德森博士的帮助。经初步鉴定，获得的5种寄生蜂分别为卵寄生蜂（夜蛾黑卵蜂和螟黄赤眼蜂）、幼虫寄生蜂（淡足侧沟茧蜂）、蛹寄生蜂（霍氏啮小蜂）、卵-幼虫寄生蜂（台湾甲腹茧蜂）。

（1）卵寄生蜂——夜蛾黑卵蜂 [Telenomus remus（Nixon）]。夜蛾黑卵蜂属膜翅目缘腹细蜂科，为多种鳞翅目夜蛾科害虫重要卵寄生天敌。雌蜂体长0.5～0.6mm，呈黑色。头横宽约为胸宽的1.5倍。足呈褐色。颜面和头顶光滑，近复眼处散生细毛。触角褐色，共11节，7～10节膨大；第1～4索节小，念珠状；棒节4节。前翅微具烟灰色。腹部稍长于胸部，第1～2背板基部具纵脊沟，其余各节光滑。雄蜂触角念珠状，12节，无膨大。

（2）卵寄生蜂——螟黄赤眼蜂 [Trichogramma chilonis（Ishii）]。螟黄赤眼蜂属膜翅目赤眼蜂科赤眼蜂属，可应用于防治鳞翅目害虫。雌蜂体长0.73～0.79mm，头宽0.23～0.27mm，后足胫节长0.17～0.19mm；触角棒节为柄节长的0.85～0.93倍；上颚端部6齿；中胸盾片褐色；腹部褐色而中央有较宽的暗黄色的横带；产卵管与后足胫节约等长。雄蜂体长0.5～1.0mm，头宽0.23～0.33mm，后足胫节长0.16～0.20mm；体色淡黄褐色，中胸盾及腹部褐色，复眼、单眼红色。触角鞭节基部具不明显索节分节；上颚端部6齿；胸部略短于腹部。翅面透明，翅脉下具淡黄褐色晕斑，后翅比前翅较短。

（3）幼虫寄生蜂——淡足侧沟茧蜂 [Microplitis pallidipes（Szepligeti）]。淡足侧沟茧蜂属膜翅目茧蜂科侧沟茧蜂属，主要寄生鳞翅目夜蛾科、尺蛾科中的多种昆虫。雌蜂体黑色，体长约2.6mm；触角梗节、翅基片黄褐色；后足腿节端部及胫节端部褐色；产卵管鞘深褐色；单眼呈矮三角形排列；中胸盾片和小盾片密布刻点，前翅短于体长，翅透明，翅痣黑褐色，基部有白斑；后翅小脉微弯。产卵管约与后足第2节等长。雄蜂触角丝状，黑色，比雌蜂的长、直径大。

（4）蛹寄生蜂——霍氏啮小蜂 [Tetrastichus howardi（Olliff）]。霍氏啮

小蜂属膜翅目姬小蜂科啮小蜂亚科，可寄生多种鳞翅目害虫的蛹。雌蜂褐黑色，体长1.65～1.93mm；触角长0.73～0.76mm，柄节1节，梗节1节和鞭节4小节；产卵器由产卵器鞘和产卵管构成。雄蜂褐黑色，体长1.00～1.50mm；触角长0.61～0.65mm，柄节1节，梗节1节和鞭节5小节；触角整体为浅棕色，除了最后1节棒节为黑色；触角棒节膨大，不具端针。

（5）卵-幼虫寄生蜂——台湾甲腹茧蜂［*Chelonus formosanus*（Sonan）］。台湾甲腹茧蜂属膜翅目茧蜂科甲腹茧蜂属。雌蜂体黑色，体长6mm。头长宽比为1.6：1；上颚褐色，须黑色，唇基具密集的刻点；脸具网状皱，侧面观复眼几乎2倍节；胸部具粗糙的皱褶；小盾片具网状皱；侧齿突明显，无中齿；腹腔几乎延伸至腹甲末端，腹部近基部具1白色带，带中间被黑色间断；翅透明，翅基片及翅痣暗褐色。雄蜂与雌蜂相似，触角25～28节。

2. 田间自然寄生率

在儋州两院农场（19°35′N，109°30′E）种植鲜食玉米粤甜9号，种植时间为7月25日，收获时间为10月15日。在整个生长期，从玉米4叶期每隔2周采集草地贪夜蛾各虫态，带回实验室单头饲养，观察寄生情况。

自然条件下，夜蛾黑卵蜂、螟黄赤眼蜂、淡足侧沟茧蜂、霍氏啮小蜂和台湾甲腹茧蜂在田间的平均寄生率分别为28.9%、5.0%、12.3%、4.5%、6.8%（表8-4）。室内条件下，由表8-5可知，在5种寄生蜂中，台湾甲腹茧蜂发育历期和雌雄虫寿命均最长，而每头寄主出蜂量和雌蜂百分比均最少；淡足侧沟茧蜂和霍氏啮小蜂发育历期均为15d左右，淡足侧沟茧蜂每头寄主出蜂量和雌蜂百分比均少于霍氏啮小蜂；夜蛾黑卵蜂和螟黄赤眼蜂发育历期均为10d左右，夜蛾黑卵蜂和螟黄赤眼蜂每头寄主出蜂量均为1头，雌蜂百分比则少于螟黄赤眼蜂；5种寄生蜂雌蜂的寿命均长于雄蜂。

表8-4　草地贪夜蛾田间自然寄生率

采集草地贪夜蛾虫态	采集总数	观测到寄生数量	寄生种类	自然寄生率（%）
卵	505	146	夜蛾黑卵蜂	28.9
卵	505	25	螟黄赤眼蜂	5.0
幼虫	1 005	124	淡足侧沟茧蜂	12.3
蛹	88	4	霍氏啮小蜂	4.5
幼虫	1 005	68	台湾甲腹茧蜂	6.8

注：采集总数指采集相应草地贪夜蛾相应虫态数量。

3.基础生物学观察

在室温（26±2）℃，相对湿度（55±10）%，自然光周期的条件下，用30支指形管（直径1.1cm，长7.6cm）分别装入1块草地贪夜蛾卵，然后接入新羽化的夜蛾黑卵蜂1对，24h后取出寄主，用另一支指形管单独盛放。统计子代寄生蜂发育历期（从卵到成蜂），每头寄主出蜂量，子代成蜂雌雄比和寿命。螟黄赤眼蜂、淡足侧沟茧蜂、霍氏啮小蜂和台湾甲腹茧蜂寄生条件同上述，分别寄生草地贪夜蛾的卵、幼虫、蛹和幼虫，每个处理设3组重复，结果见表8-5。

表8-5　草地贪夜蛾5种寄生蜂的基本生物学特性

寄生蜂	寄生寄主虫态	发育历期（卵到成虫）	出蜂量（每头寄主）	雌蜂百分比（%）	成虫寿命（d）	
					雌虫	雄虫
夜蛾黑卵蜂	卵	9.6±0.8	1	76.0±8.2	3.2±0.7	2.4±0.6
螟黄赤眼蜂	卵	10.2±0.9	1	78.3±10.3	4.6±1.1	2.6±0.5
淡足侧沟茧蜂	幼虫	14.4±1.1	1	72.2±12.3	5.2±0.9	3.2±0.7
霍氏啮小蜂	蛹	15.9±1.2	59.9±2.5	91.3±5.6	6.1±1.2	4.3±0.5
台湾甲腹茧蜂	卵-幼虫	21.2±1.4	1	40.0±7.8	7.2±0.9	6.1±1.3

注：试验条件，温度（26±2）℃，相对湿度（55±10）%。

（三）小结

草地贪夜蛾在其原产地美洲和加勒比地区天敌种类繁多，报道较多的是寄生性天敌，Molina等（2003）记录了草地贪夜蛾各虫态寄生性天敌150多种，其中寄生蜂有64种。而在草地贪夜蛾近年来入侵的非洲及东南亚也有大量的天敌昆虫被发现和报道。在我国多地也发现草地贪夜蛾本地天敌，其中多为寄生蜂。

本研究在海南采集到的5种寄生蜂，分别为夜蛾黑卵蜂、螟黄赤眼蜂、淡足侧沟茧蜂、霍氏啮小蜂、台湾甲腹茧蜂，可以有效针对草地贪夜蛾在玉米叶片背面、心叶或者是穗内取食为害的隐蔽性，在田间发挥其自然控制作用。田间调查中还发现，夜蛾黑卵蜂寄生率相对较高，可达28.9%，这可能与其对夜蛾科害虫具有高度选择性有关。在南美洲的委内瑞拉和墨西哥，夜蛾黑卵蜂被证实能用于防治草地贪夜蛾，在田间悬挂被夜蛾黑卵蜂寄生过的卵块后，距离释放点30～1 400m范围内，草地贪夜蛾卵的寄生率3周内都在70%～100%，在2个月后寄生率还高达60%～83%，可见其持续控制的效果较好；在草地贪夜蛾近年来入侵的非洲国家如坦桑尼亚和肯利亚，夜蛾黑卵蜂是主要的卵寄生天敌。室内试验表明，夜蛾黑卵蜂对草地贪夜蛾卵的寄生具有较强的温度适应性，在19～31℃，寄生数量无显著差异，当温度到34℃时才显著下降。有研究结果表明夜蛾黑卵蜂的寄生高峰在初羽化的24h内，因此在利用该蜂进行草地贪夜蛾防治时，最好选择初羽化的。此次调查中淡足侧沟茧蜂对草地贪夜蛾的自然寄生率也达到10%以上，对草地贪夜蛾的种群有一定的控制作用。季香云等（2010）在室内研究发现淡足侧沟茧蜂对斜纹夜蛾的最佳寄生蜂龄是1~2龄，蜂和寄主的最佳配比是1头雌蜂配50头斜纹夜蛾幼虫。Jiang等（2011）研究发现淡足侧沟茧蜂能够通过在感染了核型多角体病毒的甜菜夜蛾体内产卵，从感染过核型多角体病毒的甜菜夜蛾体内羽化等多种方式携带该病毒，并将其传播给健康的寄主；在温室释放饲喂过蜂蜜水和核型多角体病毒混合液的淡足侧沟茧蜂对甜菜夜蛾的虫口减退率要高于只喂食蜂蜜水的。草地贪夜蛾和斜纹夜蛾、甜菜夜蛾是同一属昆虫，在这两种害虫上面的寄生特性可以为该蜂用于草地贪夜蛾的防治提供参考。赤眼蜂对草地贪夜蛾的卵的寄生能力相对较弱，此次调查中，草地贪夜蛾卵被螟黄赤眼蜂田间自然寄生的寄生率为5%，与国外文献报道的赤眼蜂对草地贪夜蛾的卵寄生率为4%左右的结果相似。螟黄赤眼蜂的发育历期为10d，后代雌蜂百分比为78.3%，与杜文梅等（2016）研究结果类似，和其他4种寄生蜂相比该蜂发育历期较短，便于快速繁殖，缩短蜂的生产周期。草地贪夜蛾是一种迁飞性害虫，可能存在突然迁入某地，大量产卵繁殖的可能性，因而能快速繁殖出适合的寄生蜂天敌将有利于抓住草地贪夜蛾防治的关键期。在此次调查中发现的几种寄生蜂中只有霍氏啮小蜂为多寄生蜂，寄生1个草地贪夜蛾蛹可以羽化出蜂60头左右，其他4种为单寄生蜂，每头草地贪夜蛾卵或幼虫仅能羽化1头寄生蜂。虽然和其他4种寄生蜂相比，自然寄生率最低然而单头寄主出蜂数量多，便于迅速扩大种群数量，减少寄主的饲养数量，降低繁蜂的成本，因而在草地贪夜蛾的生防中可能是一种有利用价值的天敌，同时该蜂也是一种鳞翅目害虫的兼性重寄生蜂，可能会影响其他寄生蜂对害虫的防控效果，在利用该蜂进行生防时需要特别注意。吉训聪等（2013）发现台湾甲腹茧蜂在27℃下以甜菜夜蛾为寄主，21d即完成从卵到成虫的发育全过程，与本研究结果基本一致。此次发现的几种草地贪夜蛾寄生蜂各有特点，田间草地贪夜蛾各个虫态均有存在，同一块田往往存在卵、低龄幼虫、高龄幼虫、蛹或成虫等多种虫态，因而只用1种寄生天敌可能顾此失彼，不能够有效地进行防控，在实践中可以协调利用卵、幼虫和蛹期等不同时期寄生蜂进行联合防控，增强防控效果。

在实验室条件下，以草地贪夜蛾为寄主，初步明确了5种寄生蜂的发育历期、雌性百分比和寿命等基本生物学特性。野外采集的草地贪夜蛾数量有限，部分研究结果与前人报道的基本一致，夜蛾黑卵蜂以草地贪夜蛾作为寄主的发育历期、形态特征与以斜纹夜蛾、甜菜夜蛾为寄主的研究结果基本一致。这3种害虫同属灰翅夜蛾属，亲缘关系较近，天敌的种类也相近；斜纹夜蛾、甜菜夜蛾这两种害虫的生物防治方法和技术可以为草地贪夜蛾的防控提供参考。本研究是在室内条件下进行的初步研究，还需对不同寄生蜂的发育起点温度、有效积温、田间释放技术以及防效评价等方面开展深入的研究，为海南省草地贪夜蛾的防控提供技术支撑。

四、光诱技术

玉米生产上防治草地贪夜蛾主要依赖化学喷雾，盲目用药现象严重。化学农药虽然见效快，但长期施药会造成害虫的抗药性，药剂的残留也会造成环境污染，杀死天敌，破坏生态平衡，而灯光诱杀这种传统的物理防治方法具有操作简便、成本低廉、人畜安全、环境友好等特点，可以在一定程度上延缓害虫抗药性和维持生态平衡。目前国内对亚洲玉米螟和棉铃虫趋光行为的研究多采用室内放置光源反应箱的方法，研究其对不同波长的趋光率，田间灯诱试验则相对较少，且国内尚未有性别影响草地贪夜蛾趋光行为的相关报道。本研究通过9个波长对3种玉米地害虫的田间诱集效果，评估得出3种害虫相对理想的诱集波长，旨在为3种害虫的田间防控提供依据和参考。

为了明确不同波长对3种玉米地害虫的诱集作用，本试验在儋州市那大镇六坡村玉米田设置了诱集点，采用9种不同波长单色光灯管进行灯诱试验。结果显示，340nm和368nm波长对草地贪夜蛾的诱集效果最好，日均诱集量分别为4.33头和3.33头，且草地贪夜蛾雌虫田间上灯数量明显大于雄虫。480nm和445nm对亚洲玉米螟的诱集效果最好，日均诱集量分别为6.67头和5.33头。340nm、545nm和368nm对棉铃虫的诱集效果最好，日均诱集量分别为4.33头、3.33头和3.00头。340nm、368nm、400nm、445nm和480nm对3种害虫均有不同程度的诱集作用，其中368nm和340nm的综合诱集效果最好。试验可为3种害虫的灯光诱杀防控提供依据和参考。

（一）不同波长的诱集能力

1.草地贪夜蛾

不同波长诱虫灯对草地贪夜蛾的诱集结果如图8-6所示，由单因素方差分析（One-Way ANOVA）得出，不同波长对草地贪夜蛾的诱集效果差异极显著（$df=8$，$F=19.021$，$P=0.000$），能够诱集到草地贪夜蛾的波长主要集中在紫外区（340nm和368nm）、紫光区（400nm）和蓝光区（445nm和480nm），其中340nm和368nm波长对草地贪夜蛾的诱集效果最好，日均诱集量分别为4.33头和3.33头；400nm波长诱集效果次之，日均诱集量2头；445nm和480nm波长的诱集效果最差，日均诱集量分别仅为0.67头和1.33头，500nm、520nm、545nm和560nm则未表现出诱集作用。日均诱集量最高的340nm与400nm、480nm、445nm、500nm、520nm、545nm和560nm差异均显著（$P<0.05$），与368nm则无显著性差异（$P>0.05$）。

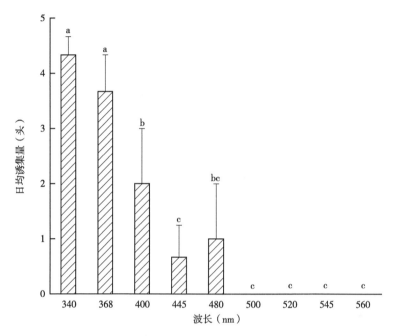

图8-6　不同波长诱虫灯对草地贪夜蛾的诱集效果

　　如表8-6所示不同波长诱虫灯对草地贪夜蛾不同性别的诱集效果有一定影响，不同波长对雌虫的诱集效果差异极显著（$df=8$，$F=16.111$，$P<0.000$），340nm和368nm波长对雌虫的诱集效果最好，日均诱集量分别为3.67头和3.33头，400nm、445nm和480nm波长的诱集效果相对较差，日均诱集量分别仅为1.67头、0.33头和1.00头；不同波长对雄虫的诱集效果差异显著（$df=8$，$F=3.583$，$P=0.012$），但均不理想，340nm、368nm、400nm和445nm日均诱集量分别仅为1.00头、0.67头、0.33头和0.33头，剩余波长则未诱集到雄虫。对雌虫诱集效果最好的340nm与400nm、480nm、445nm、500nm、520nm、545nm和560nm差异均显著（$P<0.05$），与368nm则无显著性差异（$P>0.05$）；日均诱集雄虫数最多340nm与400nm、445nm、500nm、520nm、545nm和560nm差异均显著（$P<0.05$），与368nm则无显著性差异（$P>0.05$）。340nm、368nm、

400nm、445nm和480nm诱集到草地贪夜蛾的雌雄比分别为3.3∶1、4.5∶1、5∶1、1∶1和3∶0。试验共计诱集到草地贪夜蛾雌虫28头、雄虫7头、总体雌、雄比为4∶1。

表8-6　不同波长诱虫灯对草地贪夜蛾不同性别的诱集情况

波长（nm）	340	368	400	480	445	500	520	545	560
雌	3.33±0.33 a*	3.00±0.58 ab*	1.67±0.33 b*	1.00±0.58 bc	0.33±0.33 cd	0 d	0 d	0 d	0 d
雄	1.00±0.00 a	0.67±0.33 ab	0.33±0.33 bc	0.33±0.33 bc	0 c	0 c	0 c	0 c	0 c

注：表中同一行具有相同小写字母的数据为α＝0.05水平下LSD多重比较无显著差异；同一列数据标有"*"的代表雌雄蛾的诱集数量在α＝0.05水平下T测验具有显著差异。

2. 不同种类害虫

由图8-7所示，能够同时诱集到3种害虫的波长主要集中在紫外区的340nm和368nm，紫光区的400nm和蓝光区的445nm和480nm，其中368nm和340nm的综合诱集效果最好，368nm对3种害虫的日均诱集量均大于或等于3头，340nm对草地贪夜蛾和棉铃虫的日均诱集量均大于4头；400nm、445nm和480nm综合诱集效果一般，其对亚洲玉米螟的日均诱集量均大于4头，但对草地贪夜蛾和棉铃虫的日均诱集量均小于或等于2头；500nm、520nm、545nm和560nm则只对亚洲玉米螟和棉铃虫表现出诱集作用，综合诱集效果差。

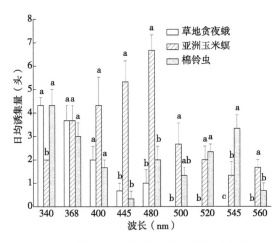

图8-7　不同波长对不同种类害虫诱集效果比较

（二）高空灯监测

2020年，在三亚、陵水、儋州和海口设置高空灯，开灯时间19时至翌日5时共计10h；秋冬季开灯时间18时至翌日6时共计12h。于开灯翌日上午将集虫网从高空灯下取出，系好袋口后置于-20℃冰柜中冷冻1h后取出，解冻10min后，将袋子虫体倒入40cm×60cm白色搪瓷盘中，从中挑选出疑似的草地贪夜蛾样本进行记录。对于难以确定是否为草地贪夜蛾的疑似样本进行分子检测，等待进一步鉴定。

1. 三亚

1—12月三亚吉阳区连续数据可以看出高空灯诱虫的2个峰值，第1个峰值出现在4月中旬（4月17日，3头），第2个峰值出现在9月下旬（9月27日，6头）（图8-8）。

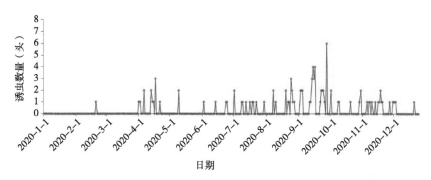

图8-8　三亚1—12月草地贪夜蛾高空灯诱虫动态

2. 陵水

1—12月陵水安马洋连续数据可以看出高空灯诱虫的2个峰值，第1个峰值出现在4月中旬（4月12日，100头），第2个峰值出现在7月下旬（7月29日，39头）（图8-9）。

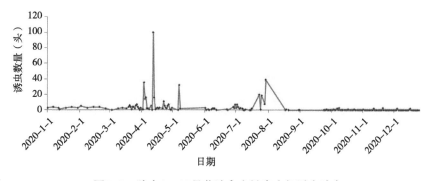

图8-9　陵水1—12月草地贪夜蛾高空灯诱虫动态

3. 儋州

1—12月儋州连续数据可以看出高空灯诱虫有1个明显的峰值出现在7月中旬（7月15日，27头），3个小峰值出现在1月3日（6头）、4月30日（5头）和9月28日（5头）（图8-10）。

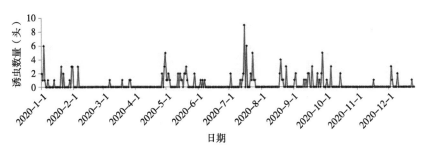

图8-10　儋州1—12月草地贪夜蛾高空灯诱虫动态

4. 海口

1—12月海口连续数据可以看出高空灯诱虫有1个明显的峰值出现在4月中下旬（4月24日，27头），之后有3个小峰值出现在5月30日、6月8日和7月4日（诱虫量均为12头）（图8-11）。

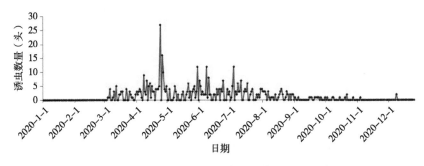

图8-11　海口1—12月草地贪夜蛾高空灯诱虫动态

（三）小结

昆虫的趋光行为和其视觉结构有关，紫外敏感基因、蓝光敏感基因和长波敏感基因则是夜行性昆虫3种基本的视觉性基因，不同种类的昆虫具有不同数量的视觉基因，从而导致其对不同波长趋光行为的差异性。本试验结果表明，紫外区的340nm和368nm对草地贪夜蛾的田间诱集效果最好。陈昊楠等（2020）研究发现368nm对草地贪夜蛾的田间诱杀效果显著高于其他波长，与本试验结论一致。值得一提的是，本试验研究发现，田间灯诱到的草地贪夜蛾雌虫数量明显大于雄虫，这表明草地贪夜蛾是夜蛾科中为数不多的雌虫上灯数量明显多于雄虫的种类，国内现阶段的研究发现，鳞翅目昆虫中草地螟和梨小食心虫雌成虫的室内趋光率均大于雄成虫，二化螟于田间诱集到的雌虫数量显著大于雄虫，亚洲玉米螟雄虫的趋光反应率显著高于雌虫，甜菜夜蛾、棉铃虫、小地老虎和斜纹夜蛾田间诱集到的雄虫则均多于雌虫，这种昆虫雌雄间趋光行为的差异性可能与夜行性昆虫光感受器的雌雄二型性有关。

参考文献

车晋英，陈华，陈永明，等，2020. 4种不同性诱剂对玉米草地贪夜蛾诱集作用[J]. 植物保护，46（2）：261-266.

陈壮美，赵琳超，刘航，等，2019. 斯氏侧沟茧蜂对草地贪夜蛾幼虫的寄生行为及寄生效应[J]. 植物保护，45（5）：71-74，90.

江幸福，张蕾，程云霞，等，2019. 草地贪夜蛾迁飞行为与监测技术研究进展[J]. 植物保护，45（1）：12-18.

姜玉英，刘杰，谢茂昌，等，2019. 2019年我国草地贪夜蛾扩散为害规律观测[J]. 植物保护，45（6）：10-19.

卢辉，唐继洪，吕宝乾，等，2019. 草地贪夜蛾的生物防治及潜在入侵风险[J]. 热带作物学报，40（6）：1237-1244.

卢辉，唐继洪，吕宝乾，等，2020. 性诱剂对热区草地贪夜蛾的诱捕效果[J]. 热带农业科学，40（S1）：1-5.

唐继洪，吕宝乾，卢辉，等，2020. 海南草地贪夜蛾寄生蜂调查与基础生物学观察[J]. 热带作物学报，41（6）：1189-1195.

唐雅丽，陈科伟，许再福，2010. 夜蛾黑卵蜂 *Telenomus remus* Nixon个体发育研究[J]. 长江蔬菜（18）：1-3.

王建军，董红刚，2009. 新型高效杀虫剂茚虫威毒理学研究进展[J]. 植物保护学报，35（3）：20-22.

王磊，陈科伟，钟国华，等，2019. 重大入侵害虫草地贪夜蛾发生危害、防控研究进展及防控策略探讨[J]. 环境昆虫学报，41（3）：479-487.

王勇庆，马千里，谭煜婷，等，2019. 氯虫苯甲酰胺对草地贪夜蛾的毒力及田间防效[J]. 环境昆虫学报，41（4）：782-788.

吴孔明，2020. 中国草地贪夜蛾的防控策略[J]. 植物保护，46（2）：1-5.

吴秋琳，姜玉英，吴孔明，2019. 草地贪夜蛾缅甸虫源迁入中国的路径分析[J]. 植物保护，45（2）：1-6.

谢殿杰，张蕾，程云霞，等，2019. 不同温度下草地贪夜蛾年龄-阶段实验种群两性生命表的构建[J]. 植物保护，45（6）：20-27.

谢殿杰，张蕾，程云霞，等，2019. 温度对草地贪夜蛾飞行能力的影响[J]. 植物保护，45（5）：13-17.

杨普云，常雪艳，2019. 草地贪夜蛾在亚洲、非洲发生和影响及其防控策略[J]. 中国植保导刊，39（6）：88-90.

杨普云，朱晓明，郭井菲，等，2019. 我国草地贪夜蛾的防控对策与建议[J]. 植物保护，45（4）：1-6.

尹艳琼，张红梅，李永川，等，2019. 8种杀虫剂对云南不同区域草地贪夜蛾种群的室内毒力测定[J]. 植物保护，45（6）：70-74.

郑丽霞，吴兰花，余玲，等，2018. 昆虫类信息素研究进展及应用前景[J]. 植物保护学报，45（6）：1185-1193.

ASHLEY T R, WISEMAN B R, DAVIS F M, et al., 1989. The fall armyworm: a bibliography[J]. Florida Entomologist, 72（1）: 152-202.

CHEN R Z, KLEIN M G, SHENG C F, et al., 2014. Mating disruption or mass trapping, compared with chemical insecticides, for suppression of *Chilo suppressalis*（Lepidoptera: Crambidae）in northeastern China[J]. Journal of Economic Entomology, 107（5）: 1828-1838.

ESTEBAN S C, ROJAS J C, GUILLÉN D S, et al., 2018. Geographic variation in pheromone component ratio and antennal responses, but not in attraction, to sex pheromones among fall armyworm populations infesting corn in Mexico[J]. Journal of Pest Science, 91（3）: 973-983.

GOERGEN G, KUMAR P L, SANKUNG S B, et al., 2016. First report of outbreaks of the fall armyworm *Spodoptera frugiperda*（J. E. Smith）（Lepidoptera, Noctuidae）, a new alien invasive pest in west and central Africa[J]. PLoS ONE, 11（10）: e0165632.

MALO E A, ESTEBAN S C, GONZALEZ F J, et al., 2018. A home-made trap baited with sex pheromone for monitoring *Spodoptera Frugiperda* males（Lepidoptera: Noctuidae）in corn crops in Mexico[J]. Journal of Economic Entomology, 111（4）: 1674-1681.

MARENCO R J, FOSTER R E, SANCHEZ C A, 1992. Sweet corn response to fall armyworm（Lepidoptera: Noctuidae）damage during vegetative growth[J]. Journal of Economic Entomology, 85: 1285-1292.

MEAGHER R L, NUESSLY G S, NAGOSHI R N, et al., 2016. Parasitoids attacking fall armyworm（Lepidoptera: Noctuidae）in sweet corn habitats[J]. Biological

Control，95：66-72.

MITCHELL E R，AGEE H R，HEATH R R，1989. Influence of pheromone trap color and design on capture of male velvetbean caterpillar and fall armyworm moths （Lepidoptera：Noctuidae）[J]. Journal of Chemical Ecology，15（6）：1775-1784.

MOLINA O J，CARPENTER J E，HEINRICHS E A，et al.，2003. Parasitoids and parasites of *Spodoptera frugiperda*（Lepidoptera：Noctuidae）in the Americas and Caribbean basin：An inventory[J]. Florida Entomologist，86：254-289.

ROGERS C E，MARTI O G，SIMMONS A M，et al.，1990. Host range of *Noctuidonema guyanense*（Nematoda：Aphelenchoididae）：An ectoparasite of moths in French Guiana[J]. Environ. Entomol，19：795-798.

SHAPIRO M，2000. Effect of two granulosis viruses on the activity of thegypsy moth （Lepidoptera：Lymantriidae）nuclear polyhedrosisvirus[J]. J. Econ. Entomol，93 （6）：1633-1637.

SHYLESHA A N，JALALI S K，ANKITA G，et al.，2018. Studies on new invasive pest *Spodoptera frugiperda*（J. E. Smith）（Lepidoptera：Noctuidae）and its natural enemies[J]. Journal of Biological Control，32（3）：1-7.

VIEIRA N F，FERNANDES P A，LEMES A A，et al.，2017. Cost of production of *Telenomus remus*（Hymenoptera：Platygastridae）grown in natural and alternative hosts[J]. J. Econ. Entomol，110：2724-2726.

WYCKHUYS K A G，O'NEIL R J，2006. Population dynamics of *Spodoptera frugiperda* Smith（Lepidoptera：Noctuidae）and associated arthropod natural enemies in Honduran subsistence maize[J]. Crop Protection，25（11）：1180-1190.

第九章　南繁区假高粱防治

假高粱［*Sorghum halepense*（L.）Pers.］，又称石茅（海南植物志），亚刺伯高粱（广州植物志），琼生草、詹森草（台湾植物志）等，为禾本科高粱属植物，原产地中海地区，目前分布于地中海沿岸各国及西非、印度、斯里兰卡等地。由于其生活力强、适应性广，已传入世界各大洲。世界约有50个国家受到假高粱不同程度的危害。假高粱由美国、阿根廷等地的进口粮食中传入我国，目前在华南、华中、华北及西南的局部地区有分布。其适生区包括北京、天津、甘肃、河北、河南、山西、陕西、江苏、上海、浙江、安徽、江西、云南、贵州、四川、福建、广东、广西、海南、台湾等地的400多个市（县）。假高粱为多年生杂草，繁殖力强，生长蔓延迅速，导致作物减产，降低品质，影响生物多样性。假高粱苗期或幼嫩部分的植株含生氰糖苷，经水解转化成氢氰酸，造成牲畜中毒。假高粱还是很多病虫害的寄主。我国南繁区光热资源丰富、雨量充沛，常年适宜假高粱生长。假高粱一旦随着南繁种子传入全国其他地区，将对入侵地粮食安全及生物多样性构成威胁。

假高粱不仅可以使作物的产量下降，而且迅速侵占耕地，因其生长蔓延非常迅速，具有很强的繁殖力和竞争力，使得其植株附近作物、果树及杂草等被夺去生存空间或被假高粱的强大根群所排挤而逐渐枯死。假高粱是甘蔗、玉米、棉花、谷类、豆类、果树等30多种作物地里最难防除的杂草。假高粱的大量发生可使甘蔗减产25%～59%，玉米减产12%～40%，大豆减产23%～42%（Arriola，1996）。据Colbert研究，阿根廷大豆田因为假高粱的大量发生每年损失高达30亿元。在美国，中耕作物的耕种经常因为假高粱的大型出没而被放弃。假高粱是很多害虫和植物病害的转主寄主，其花粉易与留种的高粱属作物杂交，使产量降低，品种变劣，给农业生产带来极大危害。假高粱具有一定毒性，在苗期和高温干旱等不良条件下，体内产生氢氰酸，牲畜吃了会发生中毒现象。

一、识别特征及为害

多年生草本，根状茎发达。不分枝或有时自基部分枝。叶鞘无毛，叶舌硬膜质，顶端近截平，无毛。叶片线形至线状披针形，长25～70cm，宽0.5～2.5cm，两面无毛，中脉灰绿色，边缘通常具微细小刺齿。圆锥花序长20～40cm，宽5～10cm；每一总状花序具2～5节，其下裸露部分长1～4cm，其节间易折断，与小穗柄均具柔毛或近无毛。小穗成对着生，一有柄，一无柄，无柄小穗椭圆形或卵状椭圆形，长4～5mm，宽1.7～2.2mm，具柔毛，成熟后灰黄色或淡棕黄色，基盘钝，被短柔毛。颖薄革质，第1颖具5～7脉，脉在上部明显，横脉于腹面较清晰，顶端两侧具脊，延伸成3小齿；第2颖上部具脊，略呈舟形。第1外稃披针形，透明膜质，具2脉；第2外稃顶端多少2裂或几不裂，有芒自裂齿间伸出或无芒而具小尖头。鳞被2枚，宽倒卵形，顶端微凹。雄蕊3枚，花柱2枚，有柄小穗雄性，较无柄小穗狭窄，颜色较深。

目前，假高粱在海南省南繁区实际为害面积1 370.56亩，分布于南繁20万亩核心区域，为害发生程度达到1级的64.76亩分布于近5万亩区域，2级的65亩分布于0.16万亩区域，3级的89.3亩分布于1万亩区域，4级的131亩分布于1.4万亩区域，5级的760.5亩分布于近2万亩区域，6级的260亩分布于0.2万亩区域。旱田、荒地、田间路两侧、田间水渠两岸、试验田与公路或河渠交汇处、南繁规划试验田外河床等地为害严重。为加强南繁基地生物生态安全，需对假高粱进行高效安全实用防治技术研究和推广。

二、防治技术概况

从气候上，海南省南繁区域属热带季风气候，年平均气温高，阳光强烈。受海南省气候影响，假高粱全年都可以萌发生长，突出表现在高温多雨季节，繁殖能力更强，10d左右就可以长到40～50cm，防治相当困难。加上种子随风、水流传播途径广，药物防治效果较差。旱季喷施药液蒸发快，药效难以传到地下部分，导致植株上部叶片只达到发黄效果，植物吸收效果较差。从分布上，南繁基地地块分散，假高粱常分布在农户田块间，南繁单位基地内、农户田块、果园，甚至宅基地中时有发生，防除时容易影响育种材料和农户农作物种植，加上临近的非南繁市（县），如万宁、保亭等市（县）未采取统防统控的措施，疫情容易重复发生。

1. 检疫措施

假高粱远距离传播主要通过混在粮食、种子中传播。加强检疫能有效防治假高粱远距离传播。各省（市、县）植物检疫部门需将假高粱作为检疫重点，对有假高粱疫情，基地内生产的种子不予调运，截断省间及省内疫情传播途径。完善联防联控多部门联动机制。成立南繁管理部门、非南繁市（县）、园林、南繁单位、农户假高粱防除联动机制，各南繁单位建立专门联络人，每月定期对南繁区域的假高粱进行巡查，并联合有关单位对南繁公共区域进行集中调查、防控，在日常的检疫过程中实时通过GPS定位及笔记记录假高粱发生情况，为防控打下坚实的基础。应防止其继续从国外传入和在国内扩散，强化检疫措施，一切混有假高粱的商品粮不能用作种子，要在指定的仓库储存，在指定的加工厂加工。加工中产生的残渣应集中烧毁，不准用作饲料。

2. 农业防治

根据假高粱根状茎不耐高温、低温和干旱的特性，在已发生假高粱的作物田，可配合田间管理进行伏耕和秋耕，让地下的根状茎暴露在高温或低温、干燥条件下杀死。在灌溉地区亦可采用暂时积水的办法，以降低它的生长和繁殖。对少量新发现的假高粱，可用挖掘法清除所有的根状茎，并集中销毁。

3. 物理防治

对零星发生或与菜园临近时采用人工挖除，必须注意挖除范围应根据植株分布范围外扩1～2m，每个根状茎要挖深、挖透。挖出的根状茎及植株要集中晒干烧毁，或暴露在高温或低温环境，防止传播。挖除后定期复查，一旦发现，立即挖除。同一地块的连续挖除，2～3年可灭除。已抽穗、开花和结实阶段的假高粱需先割除花序部分，收集并带出农田统一销毁，尽量减少振落防止种子传播。非南繁季节，旱田采取轮作方式处理，如与萝卜、甘蓝、花菜等十字花科作物轮作。水稻田采用积水的办法，田间蓄水深度5～10cm，持续时间20～30d。绿化带可栽种其他绿化植物。

4. 化学防治

化学除草剂对生态环境影响较大。联合有关部门，组织专家对假高粱疫情进行动态分析和预警评估，研究制定应急防控、生物防治、生态调控、物理防治和高效低毒农药等防治技术标准，做好技术储备和技术集成。大力推广绿色防控技术。

可采用草甘膦、高效氟吡甲禾灵、精喹禾灵等在假高粱苗期喷雾防除，其中草甘膦为传导性最好的除草剂，可杀死假高粱地下根状茎。喷施化学药剂选择晴天，少量多次，避免高温。喷施化学药剂1个月后复查，及时补喷新发叶片。

三、防控实例

（一）化学药剂除草剂筛选

通过评价除草剂对假高粱的防治效果，筛选除草剂种类与剂量。通过前期调查发现假高粱的生长环境大部分为荒地、路边、水渠边等，入侵作物田较少，因此选择灭生性除草剂，如草甘膦、草铵膦、敌草快、甲嘧磺隆（表9-1）。同时，针对假高粱的地下根状茎难以防除的特点，选择草甘膦、高效氟吡甲禾灵，观察除草剂对假高粱地下根状茎的防除作用。

表9-1　除草剂使用情况

编号	除草剂名称	商品剂量［mL（g）/亩］
1	30%草甘膦	50
2	30%草甘膦	100
3	30%草甘膦	150
4	30%草甘膦	200
5	30%草甘膦	300
6	30%草甘膦	400
7	18%草铵膦	200
8	18%草铵膦	300
9	20%敌草快	150
10	20%敌草快	200
11	10.8%高效氟吡甲禾灵	50
12	10.8%高效氟吡甲禾灵	100
13	75%甲嘧磺隆	45
14	75%甲嘧磺隆	60
15	CK	—

1. 草甘膦

随草甘膦剂量的升高，假高粱地上部分干枯率上升，药后10～15d假高粱叶片干枯率最高。草甘膦剂量超过150mL/亩可以导致假高粱地上部分干枯率达到85%，300mL/亩的干枯率达到100%，并随着草甘膦剂量的升高，干枯速度提高。但在400mL/亩的草甘膦处理中也发现假高粱的上部侧枝仍有些存活，可能是由于其着药的茎叶因剂量太大而迅速干枯而无法向顶端或者侧枝传导的原因。

草甘膦对假高粱的地下部分防除效果为地下根状茎部分节或节间发黑，随剂量升高导致假高粱地下根状茎干腐部分增加，草甘膦剂量超过300mL/亩时，挖出的地下根状茎30%～50%干腐。

2. 草铵膦

18%的草铵膦300mL/亩对假高粱的地上部分致枯效果和致枯速度高于200mL/亩，药后7d，假高粱叶片干枯率即达到最高。但均对地下根状茎无效果。

3. 敌草快

20%的敌草快300mL/亩对假高粱的地上部分致枯效果和致枯速度高于200mL/亩，药后5～7d假高粱叶片干枯率即达到最高。但对地下根状茎均无防治效果。

4. 高效氟吡甲禾灵

高效氟吡甲禾灵100mL/亩对假高粱的地上部分致枯效果和致枯速度大于50mL/亩，药后15d干枯率为70%～80%。高效氟吡甲禾灵100mL/亩时，假高粱地下根状茎的干腐效果明显，干腐达到50%。

5. 甲嘧磺隆

甲嘧磺隆处理的假高粱在地上部分致枯速度慢，但致枯效果高。对地下根状茎的危害主要是导致地下根状茎失水干枯。75%甲嘧磺隆60g/亩时假高粱地下根状茎碳化失活。

（二）不同剂型筛选和改进

根据除草剂种类筛选试验，选择有良好防除效果的除草剂草甘膦进行了不同剂型的筛选和评价，例如不同成分的水剂、可溶粒剂等（表9-2）。

表9-2 草甘膦不同剂型及成分的筛选

编号	商品名称	通用名	成分含量（%）	剂型	草甘膦含量（%）	生产厂家
1	农达	草甘膦异丙胺盐	41	水剂	30	美国孟山都公司
2	易快净	草甘膦异丙胺盐	47	水剂	35	深圳诺普信农化股份有限公司

（续表）

编号	商品名称	通用名	成分含量（%）	剂型	草甘膦含量（%）	生产厂家
3	达迈	草甘膦钾盐	49	水剂	41	美国孟山都公司
4	收成兴	草甘膦铵盐	78	可溶粒剂	70	江苏好收成韦恩农化股份有限公司
5	农民乐	草甘膦铵盐	75	可溶颗粒	68	美国孟山都公司

根据产品有效成分含量，计算出商品用量，各小区50m²假高粱茎叶处理15d后，评价草甘膦不同成分和剂型的防治效果（表9-3）。

表9-3 草甘膦不同剂型及成分对假高粱的防治效果

编号	商品名称	草甘膦含量（%）	商品剂量[mL（g）/亩]	地上茎叶防效（%）	地下根状茎防效（%）
1	农达	30	17.8	90	40
2	易快净	35	15.1	85	30
3	达迈	41	12.9	85	30
4	收成兴	70	7.5	85	30
5	农民乐	68	7.8	90	35

（三）不同施药方法及配套技术的研发

根据不同地形和田间生态环境，研究不同施药方法和配套技术，例如无人机喷雾、隔离式施药法。

假高粱成株后高度基本达到2～3m，生长茂密，并且生境复杂，长于堤坝、水渠边、路桥边等不利于行走的地形，因此需要探索各种形式的喷雾方式和药械。

1. 人工背负喷雾

对于生长在作物田间、路边的假高粱，使用人工背负式喷雾器，有针对性地喷施，注意风力和风向，可以减少对周围植物的影响。

2. 无人机喷雾

由于无人机喷雾的气浪及辐射范围广，而防除假高粱的除草剂以广谱灭生性为主，对周围作物及蔬菜为害范围和程度极大，因此无人机喷雾仅适合大面积发生在荒地的假高粱防治。

3. 自吸泵高压喷雾

对比较密集的假高粱内部，人工不易进入的地点，使用自吸式泵高压喷雾机，由于其压力高可以使用延长管进行喷雾，解决了工人进不去或较难进入的问题。

4. 隔离式施药法

对于瓜菜或作物田边的假高粱，由于防除的需要，非选择性除草剂的比例大，为防止除草剂飘移药害，需要在喷雾时对作物进行遮挡，并使用喷头防护罩，减少雾滴飘移。

注意施药时温度不高于28℃，空气湿度65%以上，风速低于4m/s。喷药后4h内下大雨，药效可能会降低，需要补施。同时在干旱条件下药液中加入喷液量1%的喷雾助剂。

（四）推广示范

对防治效果较好的药剂剂型及施药方法进行推广示范，面积50亩。

对于已经抽穗、开花和结实阶段的假高粱先割除花序部分，并注意在割除成熟种子时尽量减少振落，收集并带出农田统一销毁，防止种子传播。根据筛选的除草剂种类和剂量，草甘膦与高效氟吡甲禾灵混用对假高粱的防除作用尤其是对地下根状茎的防除作用最好，因此选用30%的草甘膦300mL/亩+10.8%的高效氟吡甲禾灵200mL/亩+助剂，选取假高粱为害面积较大的三亚市海棠区营根洋，该区域为福建省南繁基地和江苏省南繁基地，人工背负喷雾+自吸泵高压喷雾，进行示范。

（五）南繁区防治技术方案总结

1. 化学药剂除草剂筛选

通过对草甘膦、高效氟吡甲禾灵、甲嘧磺隆、草铵膦、敌草快的室外筛选试验，结果表明所选用的5种除草剂均对假高粱有防除作用。对假高粱地上茎叶的防除有效的除草剂为草甘膦、草铵膦、甲嘧磺隆、高效氟吡甲禾灵、敌草快；防除作用速度较快的除草剂为草甘膦、草铵膦、敌草快；对假高粱地下根状茎有防除作用的除草剂为草甘膦、高效氟吡甲禾灵、甲嘧磺隆；对假高粱防除持效时间最长的除草剂为甲嘧磺隆，持效期达到60d。

草甘膦的剂量并不是越高越好，剂量过高就会导致局部枯死而丧失传导的时间和比例，无法起到杀死地下根状茎的作用。高效氟吡甲禾灵对地下根状茎具有一定的致干腐能力，但需要大剂量来杀灭假高粱的地上部分。甲嘧磺隆对假高粱的灭除作用较好，但因为其长残留的危害，无法用于农田等地，只能用于非耕种地点的假高粱灭除。

2. 不同剂型筛选和改进

通过对有良好除杂草效果的除草剂草甘膦5种不同成分和剂型的筛选和评价，发现5种草甘膦制剂商品按照有效成分统一用量后对假高粱的地上茎叶和地下根状茎的防除作用差别不大。但发现个别产品其有效含量较高，而推荐的商品用量与有效含量低的商品基本一样，使其在实际使用中增加了用量，浪费用药量，假高粱防除过程中需要注意按照有效成分量使用。

3. 不同施药方法及配套技术的研发

通过比较了4种喷雾方法适合的地形和田间生态环境，即人工背负喷雾、无人机喷雾、自吸泵高压喷雾、隔离式喷雾。可以根据假高粱为害级别、为害面积及生境，选择不同的施药方法和配套技术。

如果假高粱为害较低，并容易行走时可以选用人工背负喷雾；当假高粱为害级别较高，生长茂密，并且生境复杂，可以使用自吸式泵高压喷雾；大面积发生在荒地的假高粱防治可以使用无人机喷雾；对于瓜菜或作物田边的假高粱，需要隔离式施药法在喷雾时对作物进行遮挡，并使用喷头防护罩。

4. 推广示范

对防治效果较好的药剂剂型及施药方法进行推广示范。

（1）割除花序。对于已经抽穗、开花和结实阶段的假高粱先割除花序部分，并注意在割除成熟种子时尽量减少振落，收集并带出农田统一销毁，防止种子传播。

（2）除草剂。

①30%的草甘膦300～400mL/亩。

②10.8%的高效氟吡甲禾灵200～300mL/亩。

③30%的草甘膦200～300mL/亩+10.8%高效盖草能100～200mL/亩。

④20%草铵膦200～300mL/亩。

⑤20%敌草快150～200mL/亩。

⑥75%甲嘧磺隆60g/亩。

注意事项：因所选用除草剂的灭生性和传导性，注意喷雾时温度不高于30℃，风速低于2m/s，避免因飘移对周围植物造成药害。

（3）挖除。在敏感作物田间，零星发生的假高粱或对施用除草剂多次后仍有残留根状茎的假高粱，需要人工挖出，统一晒干后进行焚烧。每株假高粱挖除半径1m，深度50cm，直到挖除根尖为止，必须在抽穗前进行，以免产生种子再生。

四、小结

所选除草剂草甘膦为微毒或低毒，草铵膦中低毒，甲嘧磺隆微毒，敌草快低毒，高效氟吡甲禾灵低毒，均对人、畜安全，环境友好。草甘膦、草铵膦、甲嘧磺隆、敌草快均为灭生性除草剂。施药方法简单，所选试验药剂均可以应用到假高粱的防除中，单用或混用剂量配置明确，操作方法简单。

1.解决了最佳施药期的问题

假高粱整个生长时期均可喷施除草剂，最佳吸收时期为营养生长旺盛期，即抽穗期之前。

2.解决了高温高湿及雨季影响药效问题

雨季高温高湿期间，假高粱的吸收传导比较旺盛，对地下根状茎的防效最好，是最适合防除的季节，但施药时需要温度不高于28℃，空气湿度65%以上，风速低于4m/s。喷药后4h内下大雨，药效可能会降低，需要补施。

3.解决了一般除草剂不能杀死地下根状茎的缺陷

根据假高粱防除的难度在于地下根状茎的防除，因此必须选用可以内吸传导的除草剂单用或混用，非选择性除草剂需要使用草甘膦，选择性除草剂可以选择芳氧苯氧丙酸类除草剂如高效氟吡甲禾灵。

参考文献

方世凯，冯健敏，梁正，2009.假高粱的发生和防除[J].杂草科学（3）：6-8.

刘延，冯建敏，范志伟，等，2020.海南省陵水黎族自治县假高粱的危害调查[J].植物检疫，34（4）：78-80.

王辉，冯健敏，梁正，等，2020.南繁基地假高粱发生现状及防控对策[J].热带农业科学，40（S1）：24-27.

张国良，曹坳程，付卫东，2010.农业重大外来入侵生物应急防控技术指南[M].北京：科学出版社.

张瑞平，詹逢吉，2000.假高粱的生物学特性及防除方法[J].杂草科学（3）：11，14.

第十章 南繁区水稻病虫害防治

50多年来，全国生产上大面积推广的杂交水稻品种有80%经过南繁，南繁两系杂交稻亲本繁种占全国两系亲本繁种总量的80%。每年南繁杂交水稻制种面积超过8万亩，种子出省产量近3 000万kg，可播种面积2 000多万亩，可生产粮食超过100亿kg。目前南繁区水稻的主要病虫害包括水稻稻飞虱、稻纵卷叶螟、水稻螟虫等害虫，稻瘟病、水稻细菌性条斑病、水稻白叶枯等病害。这些病虫害的发生，造成了水稻种子产量和质量的双重下降，带来的损失巨大，为更科学高效地防治这些病虫害，在此特总结了南繁区水稻病虫害防治相关的技术，以期为南繁区水稻的安全生产提供支持。

一、水稻虫害防治

（一）农业防治

1. 降低害虫基数

适时深耕、平整土地、清除杂草、冬翻晒田等，消除部分越冬害虫；及时春耕灌水、犁耙沤田，压低越冬螟虫虫源基数；打捞菌核，集中烧毁或深埋，消灭纹枯病菌核；播种前，做好种子消毒工作；要施用沤制完全腐熟的堆肥；收割后，及时销毁带病稻草或把稻草堆放在远离稻田的地方。

2. 水稻品种的选择

抗病性强的水稻品种具有较强的抵御虫害能力。因此，在选择水稻品种的过程中，要重点突出水稻品种的抗病性，同时结合当地的栽植环境、特点、气候等，选用适应性强、丰产性好、抗病性强的优良品种。针对稻瘟病、白叶枯病发生较重的区域，禁止选用易感品种。当水稻移栽后，加强对病虫害的监控力度，有效的防治措施是成功预防的基础。

3. 科学栽培

在水稻合理的种植活动中，保证播种、育秧、移栽等环节的科学性与合理性，进而降低病虫害的发生概率。

（1）培育无病虫壮秧。提倡旱育秧、抛秧或直播等新型栽培技术。

（2）合理调整耕作制度和水稻品种布局，尽量避免早、中、晚稻混栽，减少"桥梁田"，使水稻受灾危险期避过螟虫发生为害期。

（3）适龄抛插秧，合理密植。

（4）合理施肥，注意氮、磷、钾的配合，多施有机肥，不要偏施氮肥，控制辅助肥量的使用量，以免禾苗过于贪青，而有利于病虫害侵染为害。

（5）科学用水。浅水插秧，寸水回青，薄水分蘖，够苗晒田，抽穗扬花时回浅水灌溉，后期干干湿湿管理。

4. 生物防治

在水稻虫害防治的诸多手段中，生物防治不仅是重要的应用手段，同时也是一种绿色技术，有着较为广阔的应用前景。

（1）共生防治法。在水稻的种植区域内养殖鸭子，尤其在分蘖期，养殖密度控制在2只/100m²，并在抽穗期前进行回收，共生防治法能有效防止稻枯病、稻飞虱。

（2）性诱剂或杀虫灯。在稻田的种植区域内放置性诱剂、灭虫灯，诱杀害虫。二化螟是对水稻为害性最大的虫害种类，性诱剂能有效捕杀雄性飞蛾，不仅减少了虫害的绝对数量，同时也降低了虫害的整体数量。而灯光诱杀技术的优势就更加明显，不仅投入较小，且使用简便。

（3）天敌防治手段。顾名思义，在稻田引入害虫的天敌，利用食物链方式，能有效防治螟虫等害虫。

（二）化学防治

在药物选择方面，要以稻苗的生长情况为选择标准，并通过正规渠道购买药物，保证药物符合国家的规定和标准，禁止私人销售农药，禁止未经许可的销售单位进行药品销售。同时，在购买农药过程中，一定要认真核实药品说明书、生产厂家。在药品的选择方面，尽量选用无毒、低毒、无残留的农药。在水稻病虫害防治药物的选择方面，通常坚持以下4个原则：一是生物农药，对农产品的污染程度低；二是特异昆虫生长调节剂；三是高效低残留类型的农药是首选药品；四是如遇到毁灭性灾害时，可以选择一些毒性中等的药品，保证水稻产量。

化学农药使用注意事项：一是配药时要加强防护。配药人员时刻遭受着农药腐蚀的威胁。因此，在农药的配备过程中，要使用橡胶手套进行防护，并严格遵守配药标准，不能主观加减使用量。二是禁止用手搅拌药品，在药品搅拌过程中一定要使用专业工具。三是控制药品的使用量，使用多少就配制多少，并采取机械的方式进行喷施。如果必须采取手工喷施，要加强对自身的有效防护。四是在搅拌过程中，一定要远离水源，并加强对配药用具的保管，防止出现人或者牲畜中毒事件。五是在药物的喷施过程中，无论是手动喷施，还是机械喷施，均要采取稻田两边同时喷施的方式，如遇到高温或者大风天气，应停止喷施工作。六是药液避免出现过满的现象，防止因剧烈晃动而溢出，危害到施药者的健康。七是在喷药准备阶段，要加强设备检查工作，核对药械喷头、开关、接口位置的牢固程度，防止药液渗透后污染自然环境。八是在喷施过程中，如果出现堵塞情况，需要对药械进行清洗，完全排除故障后继续工作。九是在喷施农药的地方要竖立警示牌，标明喷施时间与期限，防止出现人、畜中毒现象。在药物喷施完成后，要加强对药械的冲洗，冲洗完成后将其放入仓库保管，同时对污水进行科学的处理，禁止随地泼洒，保护周围的水资源。十是农药喷施人员要加强自身的防护工作，在喷施活动中要穿长袖、戴帽子，在喷施活动中禁止喝水、进食、吸烟，降低与药物的接触机会，为自身的健康保驾护航。

二、水稻病害防治

（一）选用抗病品种

种植抗病品种是最根本、有效的防治措施。目前，水稻品种较多，如果大量种植感病品种，容易引起病害的流行，因此应尽可能避免大面积种植单一品种，并根据当地病害发生情况选用栽培品种。同时注意提纯复壮，防止品种混杂和抗病性退化。

（二）播前种子处理

播种前要做好晒种、选种、种子消毒等工作。种子消毒可用1%石灰水浸种，或用20%三环唑可湿性粉剂1 000倍液，或用50%多菌灵可湿性粉剂1 000倍液，或用70%甲基硫菌灵可湿性粉剂1 000倍液浸种2d，浸种后清水洗净再催芽、播种。

（三）消灭菌源

对带病稻草可堆积发酵用作肥料，不可用于催芽、捆秧把，以免病菌传染导致病害发生。春耕灌水时，纹枯病菌核多漂浮于田间水面浪渣中，可将浪渣捞出烧毁，以减少菌源，减轻纹枯病的发生。

（四）加强栽培管理

培育旱育壮秧，提高稻株抗病能力。在群体上做到合理密植，插秧时适当加大行距，以便通风透光，抑制病菌生长、侵入。要注意氮、磷、钾肥合理搭配使用，适当增施磷、钾肥，避免过多或过迟施用氮肥。在水的管理上，应科学管水，避免长期冷水灌田，要适时排水，做到浅水勤灌，湿润灌溉，促进根系发达，稻株生长健壮，提高其抗病能力，控制病害的发生。

（五）药剂防治

1. 秧苗期

主要培育壮秧，重点防治烂秧病等。3叶期时用10%叶枯净可湿性粉剂300～400倍液喷雾防治烂秧病。稻瘟病常发区，在插秧前用20%三环唑可湿性粉剂750倍液浸秧苗，然后堆闷30min再插秧，可控制大田前期叶瘟病的发生。灰飞虱能传播水稻条纹叶枯病等病毒病，可每亩用25%扑虱灵可湿性粉剂35g，或用10%吡虫啉可湿性粉剂15～20g兑水喷雾防治，达到治虫防病的目的。

2. 返青至孕穗期

主要防治纹枯病、叶瘟等。在纹枯病发病初期，每亩用5%井冈霉素水剂200mL或12.5%烯唑醇可湿性粉剂20～25g，兑水50～60kg喷雾；当叶瘟病叶率达10%时，每亩用20%三环唑可湿性粉剂100g或30%爱苗乳油20mL，兑水50～60kg喷雾防治。

3. 穗期

主要防治穗颈瘟、纹枯病等。防治穗颈瘟，在水稻破口期、齐穗期各喷药1次，可每亩用30%爱苗乳油20mL或20%三环唑可湿性粉剂100g，兑水50～60kg均匀喷雾；防治纹枯病每亩用5%井冈霉素水剂200mL或12.5%烯唑醇可湿性粉剂20～25g兑水喷雾防治。

在水稻的同一生育时期，多种病虫常混合发生，因此，在重点防治主要病虫时，注意兼治其他病虫害，选用多种虫害药剂合理混合使用，达到1次用药兼治多种病虫的效果。

三、田间试验数据

（一）水稻细菌性条斑病田间防效

水稻细菌性条斑病（*Xanthomonas oryzae* pv. *oryzicola*），简称细条病。主要分布亚洲的亚热带地区，是水稻生产上重要检疫性病害，其发生具有流行性、暴发性和毁灭性等特点，该病是我国南方稻区生产的重要病害，当气候条件适宜时，在感病品种上能引起15%～25%损失，严重时达40%～60%，对水稻的高产稳产造成了严重威胁。

近年来，水稻细菌性条斑病已成为三亚市水稻主要病害之一，随着一些新品种和优质稻的大面积推广应用，该病的发生日趋广泛和严重，水稻发病后轻者减产20%～30%，严重的造成绝收，给水稻生产和育种造成严重的影响，为了寻找防治水稻细菌性条斑病的有效药剂，测试了不同药剂对水稻细菌性条斑病防治效果，结果如下。

从表10-1可以看出，3次施药后14d，处理1防治效果为75.34%、处理2防治效果为74.76%、处理3防治效果70.78%，3种处理差异性不显著，30%碱式硫酸铜悬浮剂（害立平）、30%琥胶肥酸铜可湿性粉剂（斗角）对水稻细菌性条斑病防效好，比常规对照20%噻菌铜悬浮剂（龙克菌）70.78%分别高4.56%、3.98%。在水稻细菌性条斑病发生时期能有效控制病害的扩散蔓延。

表10-1　不同药剂对水稻条斑病的防效

处理	药剂	药前病情指数	药后14d	
			病情指数	防效（%）
处理1	30%碱式硫酸铜	1.82	3.84	75.34
处理2	30%琥胶肥酸铜	1.90	3.98	74.76
处理3	20%噻菌铜	2.29	4.54	70.78
CK	CK	5.33	14.93	—

3种药剂在水稻细菌性条斑病发病初期施用，连喷3次，对水稻细菌性条斑病有一定防治效果，对水稻安全，在水稻细菌性条斑病发生时期能有效控制病害的扩散蔓延。根据试验结果，推荐害立平和斗角进行防治，为了减少水稻细菌性条斑病抗药性，建议以上药剂轮流使用。仅仅依靠大田用药，达不到理想的防治效果，要采取综合治理措施，如加强检疫，对进入南繁区的水稻种子加强监管，杜绝病菌随着种子传入，轮作换茬，选用抗耐病品种，播种时带药浸种，抓住有效

防治时期。

（二）稻瘟病田间防治

稻瘟病在水稻的各个时期及各部位都有发生，4叶期至分蘖期和抽穗期最易感染，以叶瘟和穗瘟最为常见，为害也最大。在海南水稻稻瘟病初期主要为稻叶瘟，随水稻进入穗期，气候适合的条件下穗颈瘟也会发生为害。测试了几种药剂对叶瘟、穗颈瘟的防治效果，详细如下。

药后10d调查显示，6种药剂对水稻叶瘟均表现出较好的防治效果。250g/L嘧菌酯SC+125g/L氟环唑SC 1 000倍液和250g/L嘧菌酯SC 1 000倍液药后病情指数明显下降，其他4个处理药后的病情指数明显升高，对照处理的病情指数达25.60。250g/L嘧菌酯SC+125g/L氟环唑SC 1 000倍液的防效最高，可达88.03%，其他处理的防效依次降低。方差分析结果显示，除125g/L氟环唑SC 1 000倍液和30%苯醚甲环唑SC 3 000倍液间差异达显著水平，其他各处理间差异均达极显著水平（表10-2）。

表10-2　试验药剂对叶瘟的防治效果

处理	药前病情指数	药后10d病情指数	防效（%）
250g/L嘧菌酯SC+125g/L氟环唑SC 1 000倍液	4.74	3.16	88.03 a
250g/L嘧菌酯SC 1 000倍液	4.76	4.16	84.33 b
125g/L氟环唑SC 1 000倍液	4.67	5.53	78.78 c
30%苯醚甲环唑SC 3 000倍液	4.77	6.00	77.47 d
40%稻瘟灵WP 800倍液	4.62	6.72	73.93 e
20%三环唑WP 1 000倍液	4.89	7.71	71.75 f
清水对照	4.58	25.60	

注：表中同列数据具有相同小写字母表示在0.05水平差异不显著。SC—悬浮剂；WP—可湿性粉剂。

末次药后10d穗瘟防治效果显示，各处理药后病情指数明显上升，对照处理的病情指数高达25.91。各处理的防效分别为80.36%、77.96%、75.15%、72.93%、71.99%和70.36%。方差分析结果显示，250g/L嘧菌酯SC+125g/L氟环唑SC 1 000倍液和250g/L嘧菌酯SC 1 000倍液差异不显著，与其他处理差异达显著水平；125g/L氟环唑SC 1 000倍液和30%苯醚甲环唑SC 3 000倍液差异不显著，与40%稻瘟灵WP 800倍液和20%三环唑WP 1 000倍液差异分别达显著水平；30%苯醚甲环唑SC 3 000倍液和40%稻瘟灵WP 800倍液差异不显著，与20%三环唑WP 1 000倍液差异达显著水平；40%稻瘟灵WP 800倍液和20%三环唑WP 1 000倍液差异不显著（表10-3）。

表10-3　试验药剂对穗瘟的防治效果

处理	药前病情指数	药后10d病情指数	防效（%）
250g/L嘧菌酯SC+125g/L 氟环唑SC 1 000倍液	4.76	5.18	80.36 a
250g/L嘧菌酯SC 1 000倍液	4.82	5.90	77.96 a
125g/L氟环唑SC 1 000倍液	4.74	6.56	75.15 b
30%苯醚甲环唑SC 3 000倍液	4.91	7.39	72.93 bc
40%稻瘟灵WP 800倍液	4.84	7.54	71.99 cd
20%三环唑WP 1 000倍液	4.77	7.86	70.36 d
清水对照	4.66	25.91	

注：表中同列数据具有相同小写字母表示在0.05水平差异不显著。

试验结果表明，各试验药剂处理均具有较好的防治效果，250g/L嘧菌酯SC与125g/L氟环唑SC混用防治效果最优，对叶瘟和穗瘟的防效均达80%以上；其次为250g/L嘧菌酯SC和125g/L氟环唑SC单剂对叶瘟和穗瘟的防效均在75%以上；40%稻瘟灵WP和20%三环唑WP因长时间使用，且使用剂量不断增加，已产生抗药性。

使用新型药剂和药剂之间的合理混用则防效明显提高，成本也有所降低，且在试验过程中对水稻安全，无药害现象，对水稻纹枯病也有较好的防治效果。建议在生产上合理混配和轮换使用，在病害发生初期开始用药，隔10d使用一次，连续使用2～3次。

（三）稻飞虱田间防效

稻飞虱在全国主要有褐飞虱、白背飞虱和灰飞虱3种，在三亚主要为褐飞虱和白背飞虱，可终年繁殖。褐飞虱一年可发生12代，白背飞虱则一年可发生9～11代，黄熟期为害严重时，可造成受害稻田成片枯黄倒伏而出现"冒穿"。海南水稻受稻飞虱为害5级自然损失率达34.6%，如被褐飞虱传播"齿叶状矮缩病"或白背飞虱传播"南方水稻黑条矮缩病"，甚至造成颗粒无收，是三亚地区水稻最主要的害虫之一。

由于化学药剂防治见效快，长期以来，当地农户防治稻飞虱多以化学药剂为主，防治方式为人工喷施，造成"冒穿"现象仍时有发生。近年来，植保无人机技术不断提升，应用飞防具有省药省水减少污染、作业效率高、效果好等优势。而应用植保无人机进行生物制剂的喷施，更是提升了绿色防控效率。植保无人机与人工施药的对比详细如下。

由表10-4可见，防治后防治区虫口量呈递减趋势，飞防区平均防治效果为82.27%，平均百丛虫口量从677头降低至189头，虫口退减率达72.30%。发生程度从防治前的中等偏轻降至轻发生水平。人工喷施防治区平均防治效果为63.00%，平均百丛虫口量从653头降低到380头，发生程度也从防治前的中等偏轻降至轻发生水平，防治效果显著高于空白对照区。空白对照区则相反，平均百丛虫口量从防治前646头偏轻发生增加至1 010头，属于偏重发生水平。

表10-4 无人机防控对稻飞虱防治效果

处理	防治前 虫量（头/百丛）	防治后3d			防治后7d			防治后14d		
		虫量（头/百丛）	虫口减退率（%）	防效（%）	虫量（头/百丛）	虫口减退率（%）	防效（%）	虫量（头/百丛）	虫口减退率（%）	防效（%）
无人机	677 a	650 a	4.02 a	5.03 a	364 c	46.53 a	55.28 a	189 c	72.30 a	82.27 a
人工	653 a	640 a	2.04 a	3.06 a	509 b	21.49 b	34.62 b	380 b	41.70 b	63.00 b
CK	646 a	653 a	-1.08 b		768 a	-20.82 c		1 010 a	-56.17 c	

注：表中同列数据具有相同小写字母表示在0.05水平差异不显著。

飞防区和人防区处理组百丛虫量随防治时间推移不断减少，对照组百丛虫量随防治时间推移不断增加，防治3d内，各处理与对照组无明显差异；3d后，处理组防治效果开始逐渐显著，防治第3～14天，飞防区百丛虫量减少量最多。综上所述，金龟子绿僵菌CQMa421对田间虫害具有防治作用，且无人机防治的效果及持续性均优于人工喷施防治。

2015年农业部提出至2020年力争实现农药使用零增长，以及人们对绿色食品大量需要的背景下，生物药剂防控是解决农药残留和确保农药减量的主要举措之一，在农业生产应用中会越来越广泛。当然，要获得良好的防治效果，还应注重防治器械的选择，稻飞虱因其成、若虫群集于稻丛下部，吸食稻株汁液，防治时应对准水稻基部喷施，但水稻封行后，人行困难，难于对准基部喷施。无人机防治时飞行旋翼产生的下旋气流，既可使雾滴直接碰触到叶片的正反面，特别是在飞机旋翼的作用下，雾流向下穿透力强，雾滴更均匀。

178

参考文献

陈彦，赵彤华，王兴亚，等，2012. 52.5%丙环唑-三环唑悬浮剂防治水稻稻瘟病和纹枯病药效评价[J].辽宁农业科学（1）：69-71.

国家质量技术监督局农药 田间药效试验准则（一）杀菌剂防治水稻叶部病害（GB/T 17980.19—2000）[S].北京：中国标准出版社，2000：77-81.

黄星，张传清，陈长军，等，2005.稻瘟病菌对三环唑的敏感性检测与抗药风险分析[J].江苏农业学报，21（4）：298-300.

李杨，王耀雯，王育荣，等，2010.水稻稻瘟病菌研究进展[J].广西农业科学，41（8）：789-792.

苏生，罗迷，李明，等，2010.两种农药及其混剂对稻瘟病菌的室内毒力测定[J].山地农业生物学报，29（1）：3942.

孙春明，郑结彬，徐进才，2009. 20%噻唑锌SC防治水稻细菌性条斑病药效研究[J].安徽农学通报，15（2）：108.

唐钱朋，高俊峰，车淑静，等，2007.杀稻瘟剂的作用机制及抗药性研究进展[J]，安徽农学通报，13（19）：156-157.

张传清，周明国，朱国念，等，2009.稻瘟病化学防治药剂的历史沿革与研究现状[J].农药学学报，11（1）：72-80.

张荣胜，刘永锋，陈志谊，2011.水稻细菌性条斑病菌拮抗细菌的筛选、评价与应用研究[J].中国生物防治学报，27（4）：510-514.

仲伟云，王国兵，葛泽芝，等，2008.不同药剂防治水稻细菌性条斑病大田药效试验[J].现代农业科技（16）：119.

第十一章 南繁区红火蚁防治

红火蚁（*Solenopsis invicta* Buren）是一种对农业生产、生态环境及公共安全具有严重威胁的外来有害生物，为世界上最重要100种入侵生物之一，是中国检疫对象。该虫原产南美洲，自2003年入侵中国台湾后，先后在广东、广西、湖南、福建、海南、江西、四川等地入侵。调查发现，红火蚁在海南省文昌、海口、三亚、儋州、澄迈等市（县）的农田、丢荒地、绿化苗木基地、绿化带等生境有分布。据悉在南繁区（三亚、乐东、陵水）多地均发现红火蚁为害，咬伤人、畜的事件偶有发生，影响了南繁生产以及工作人员的身体健康。鉴于红火蚁具有极大的危害性，必须及时采取有效措施控制其在海南南繁区的进一步扩散蔓延。

一、防治技术概况

加强对来自疫区的花卉、盆景等农林作物的检验检疫，是预防红火蚁入侵的最有效途径，可避免产生新的红火蚁疫区。为防止人类活动造成红火蚁的远距离扩散，美国农业部（USDA）在1958年颁布了一项禁令，严格限制从红火蚁疫区向非疫区转运土壤、草皮、干草、盆栽植物、带土植物、运土设备，同时设立了相应的检疫措施。

2005年1月17日，中国农业部发布第453号公告，对在广东省吴川市等部分地区发生的入侵红火蚁定为中华人民共和国进境植物检疫性有害生物和全国植物检疫性有害生物，并加以封锁控制。自广东省部分地区发现红火蚁以来，广东检验检疫部门及时组织了红火蚁检疫鉴定和除害处理的培训，明确要求对南美、美国、新西兰、澳大利亚、波多黎各等国家和地区，以及我国台湾的入境种苗、栽培介质、废品（包括废纸、废金属、废塑料）、集装箱、船舶等加强检疫。同时，对吴川市等出现红火蚁地区的出口种苗等有可能携带红火蚁的货物加强检疫。2005年3月9日，广东省增城出入境检验检疫局从进口废纸中截获入侵红火蚁。这是自农业部于2005年初将红火蚁列为我国入境植物检疫性有害生物和全国植物检疫性有害生物以来，首次从入境货物中截获到入侵红火蚁。

（一）化学防治

化学防治仍是目前防治入侵红火蚁的主要方法。在新发现红火蚁的地区，可对其扩散进行有效控制。当前所采用的方法主要有毒饵诱杀、药剂浇灌、挖巢喷杀、颗粒剂灭杀、粉剂灭杀、药剂熏杀，以及将毒饵诱杀法和其他几种方法结合使用的"二阶段处理法"等。

1. 毒饵诱杀

毒饵诱杀是利用红火蚁喜好取食的食料作为载体，附着的引诱剂吸引红火蚁取食，其中有效成分主要是缓释的胃毒剂或昆虫生长调节剂。毒饵处理工作效率高，省时省工省力，适合大面积的防治，是目前大力推广应用的防治手段。配制毒饵所使用的有效成分主要是具有缓效作用的胃毒剂和生长调节剂，如昆虫神经毒剂赐诺杀（Spinosyns），可导致昆虫神经系统兴奋，引起肌肉痉挛，虚脱而死，1～5周显现效果；芬普尼（Fipronil），可干扰昆虫神经系统，2～6周显现效果；双氧威（Fenoxycarb）、伏虫隆（Teflubenzuro）、百利普芬（Pyriproxyfen）等是可防止卵孵化的昆虫生长调节剂，1～4个月显现效果。

毒饵用磨碎去除油脂的玉米粒作为基质，豆油作为药剂载体。豆油是红火蚁非常喜欢的食物，对其具有引诱作用。配制时先将药剂与豆油混合，然后将其与玉米粒混合配成毒饵。毒饵一般制成颗粒状，一方面方便于毒饵的运输和投放，另一方面也方便觅食的工蚁将毒饵搬回蚁巢。毒饵中药剂的缓释作用，使得工蚁在其个体被毒死之前，通过喂食行为将有毒物质传染给蚁巢中的其他成员和蚁后。蚁后中毒后或死亡或丧失生育能力，降低虫口密度，最终导致整个蚁巢消亡。

1kg的毒饵可以使4 000m^{2}区域内的红火蚁种群数量和密度大幅下降，但是在使用毒饵进行防治时，需要注意以下几点。

（1）事先确定蚁巢的位置。蚁巢位置的确定，可以保证施药时，将毒饵抛撒在工蚁的取食范围之内，缩短毒饵在环境中暴露的时间，减少有效成分的散失，保证大面积防治的效果，并节约药剂用量，控制防治成本。

（2）保持毒饵新鲜。大多数毒饵均含有豆油，因此要避免因长期储藏变质而使豆油失效，丧失对红火蚁的引诱作用。

（3）保持毒饵干燥。受潮的毒饵易腐烂变质，因此应保证在草地或是地面干燥的晴天施药，且24h之内不会出现降水。

（4）在工蚁外出觅食之前半个小时施药。在工蚁外出觅食前施药，可以缩短毒饵在环境中暴露的时间。通过观察可知，在工蚁觅食时施药，毒饵可以在10～30min内被发现并搬进蚁巢。傍晚是一天中最适合抛撒毒饵的时间，多数工蚁均会在此时间段外出觅食。

另外，毒饵不能与其他物质，如肥料等混合使用。

2. 药剂浇灌

药剂浇灌通常使用具有触杀作用的药剂，可供选择使用的药剂有西维因（Carbaryl，Sevin）、毒死蜱（Chlorpyrifos，Dursban）、二嗪农（Diazinon）和埃文松（Isofenphos，Oftanol）。

为了提高药剂的效力，在施药时可将蚁巢挖开，以保证红火蚁与药剂充分接触，使药剂的杀虫效力得到最大发挥。最适宜药剂浇灌的时间是清晨，较低的温度可使蚁群中的大部分个体聚集在地表附近。但气温过低，特别是冬季，蚁群则转移至土壤深层，加剧了防治难度。目前推荐的施药方法是，先将蚁巢的顶部湿润，用钢管在蚁巢的中央及周围打几个小洞至蚁巢底部，之后将药剂从蚁巢的顶部灌入至蚁巢湿透。通过这样处理，短至几个小时，多至几天，整个蚁巢将全部覆灭。

研究发现，混合使用1 000倍4.5%高效氯氰菊酯乳油和500倍敌敌畏乳油对红火蚁具有明显的防治效果。氯氰菊酯对红火蚁有速效的触杀作用，而敌敌畏则可在施药后的几天内对蚁巢中的个体进行持久的熏杀，从而保证防治效果。

3. 挖巢喷杀

挖巢喷杀是将蚁巢挖开，用喷雾器喷洒药剂，杀死挖出的红火蚁个体。研究发现，挖巢喷杀法的防治效果很好，红火蚁个体在接触药剂后半小时之内便会死亡。试验中使用的药剂分别有4.5%高效氯氰菊酯、40%水胺硫磷和95%的酒精。

挖巢喷杀的优点在于可快速杀死挖出的个体，保证防治效果；缺点是工作量大，将整个蚁巢完全消灭难度较大。

4. 颗粒剂灭杀

颗粒剂是将药剂加工成颗粒状，使用器械播撒至蚁巢的周围，然后用水将药剂冲入蚁巢内部。最佳的施药时间与浇灌法类似，但效果比浇灌法缓慢，大约需要1周时间。目前使用较多的毒死蜱颗粒剂，在土壤中效果较好。

5. 粉剂灭杀

使用干燥的粉末作为有效成分的载体，当红火蚁爬过施药区域时，会将药粉带入蚁巢，几天内蚁群会被消灭。目前使用含75%乙酰甲胺磷粉剂对红火蚁进行防治。使用粉剂须保证施药人员的安全，切勿与药剂发生直接接触。

6. 药剂熏杀

药剂熏杀多使用烟雾剂，多为罐装。药罐顶部有类似探针的装置，可将罐中的药剂释放到蚁巢中，能快速杀死蚁巢中的个体。与药剂浇灌处理比较，烟雾剂的优点在于烟雾可通过蚁道迅速充斥整个蚁巢，将蚁巢中的个体全部杀死。晴朗清晨进行防治，效果最好。

药剂熏杀还可采用挖巢的方式进行。将蚁巢挖掘出，放入密封容器内，用熏杀药剂杀死被挖出的红火蚁个体。此法灭杀效果明显，但实际操作困难较大，难以大规模应用。

7. 二阶段处理法

将毒饵和药剂浇灌两种方法结合起来进行，称为二阶段处理法。优点在于不仅具有大面积防治时毒饵的高效率，又具有逐个蚁巢处理的速效性和彻底性。二阶段处理法融合了两种防治方法的优点，是目前在美国和澳洲公认的较为成熟的防治方法。

第1阶段为毒饵诱杀处理，即在红火蚁觅食区域播撒含缓效的低毒药剂或生长调节剂的毒饵，工蚁搬入蚁巢饲喂其他成员和蚁后，使之中毒，致使整个蚁群数量衰减；第2阶段为蚁巢药剂浇灌处理，在毒饵处理后的10~14d，使用触杀农药浇灌，灭杀活动中的工蚁、兵蚁、繁殖蚁和蚁巢深处的蚁后。二阶段处理法每年处理2次，通常在4—5月处理第1次，9—10月处理第2次。经过两次处理，蚁巢内的个体可被消灭80%左右。

值得注意的是，化学防治中使用高毒的杀虫剂会取得非常良好的效果，但也会对本土动物造成不良影响，破坏原有的生态平衡，更加大了入侵红火蚁再猖獗的可能性。因此我国台湾农业部门对现有防治药剂进行了筛选，并提出了防治红火蚁的专用药剂（表11-1）。

表11-1 防治红火蚁专用药剂

药剂名称	含量及剂型	施用药量或稀释倍数
芬普尼	0.014 3%粒剂	97kg/hm^2
	0.3%粒剂	20kg/hm^2
毒死蜱	5%粒剂	30kg/hm^2
二嗪农	5%粒剂	30kg/hm^2
百灭宁	10%乳剂	1∶3 000
倍赛灭宁	5%乳剂	1∶1 500

（续表）

药剂名称	含量及剂型	施用药量或稀释倍数
第灭宁	2.8%乳剂	1：3 000
	2.4%乳剂	1：3 000
芬化利	0.5%粒剂	50kg/hm^2
	5%乳剂	1：2 000
	10%乳剂	1：3 000
	20%乳剂	1：4 000
	20%可湿性粉剂	1：5 000
安丹	5%粒剂	36kg/hm^2
	50%可湿性粉剂	1：1 000

（二）物理防治

物理防治适用于对环境安全要求非常严格的地块，如水源保护区、居民社区等。现有的防治手段有沸水处理、挖巢水淹、机械破坏和液氮处理等。

1. 沸水处理

沸水处理一般采用开水，也可采用70～80℃的热水。每个蚁巢需要6～10L，慢慢注入蚁巢，并将其浸透，使蚁巢的内部结构坍塌，开水和较高温度的热水可以烫死蚁巢内部的个体。有报道称这种方法的防治效果为20%～60%，如果连续处理5～10d效果会更好。为了提高蚁巢内红火蚁的死亡率，应将沸水处理方法与其他防治方法配合使用。沸水处理优点是对环境无污染，缺点是需要大量的开水，且开水会对周围的植物造成伤害，工作人员也有被烫伤的可能，操作时应特别小心。

2. 挖巢水淹（清洁剂法）

用水将红火蚁淹死，但将整个蚁巢完全消灭的可能性则非常小。挖巢水淹在操作时需先将蚁巢挖出，放入容量为15～20L盛满含清洁剂水液的容器，24h后可将红火蚁杀死。操作时应注意做好防护工作，保证工作人员安全。这种方法适合于发生数量较少的区域，其缺点是工作量大，无法应用于大规模防治。

3. 机械破坏

蚁巢粉碎机、蚂蚁电击器和蚁巢爆破装置都已开发并应用于红火蚁的防治工作。这些手段均能严重破坏蚁巢，对整个蚁群造成一定的不良影响，且有杀死蚁后的机会。研究发现持续惊扰蚁群，族群中个体数量会有所减少，蚁巢规模不会增大。

4. 液氮处理

这种方法是由我国台湾农业工作者研制的。它是将-196℃的液氮注入蚁巢造成低温或直接冻死蚁巢中的个体。高压液氮可在蚁巢中的孔道内蔓延，迅速充满蚁巢中的大部分空间，利用低温冻结整个蚁巢，可达到百分之百消灭蚁群中全部个体的目的。此法具有环保、快速、有效和不受天气因素制约等优点，但需要对蚁巢进行逐个定位、逐一进行操作、防治成本甚高等。因此尚未大规模应用于红火蚁的防治。

（三）生物防治

利用生物防治方法控制入侵红火蚁是在人们经过多年的努力，并主要采用化学防治方法而对入侵红火蚁仍难根治的情况下提出来的，目前已成为入侵红火蚁防治方法中研究的热点。它的出发点是已把入侵红火蚁作为入侵地区生态系统中的一员，通过采取生物控制因子，将其种群数量控制在一个比较低的水平，弱化其竞争优势，恢复本土物种的竞争能力，最终达到对红火蚁的持续控制。

目前，对入侵红火蚁生物防治方法的研究，主要集中在资源调查、效果评价、以及风险性评估等方面。目前已经查明，对入侵红火蚁制约的生物因子众多，天敌昆虫主要有寄生蚤蝇（*Pseudacteon* spp.）、蚁小蜂（*Orasema* spp.）、蚜茧蜂（*Lipolexis scutellaris*）、捻翅目昆虫（*Caenocholax fenyesi*）以及其他蚂蚁（*Solenopsis dagerrei*）等，寄生线虫主要为斯氏线虫类（*Steinernema* spp.）和异小杆线虫类（*Heterorhabditis* spp.）捕食性螨类主要有虱状蒲螨（*Pyemotes tritici*），致病微生物主要有火蚁微孢子虫（*Thelohania solenopsae*）和球孢白僵菌（*Beauveria bassiana*）。另外，蜻蜓、鸟类、蜥蜴、蜘蛛、蟾蜍、犰狳等对红火蚁都会造成威胁。

二、田间防治数据

（一）灌巢法的防治效果

试验设5个药剂处理及1个空白对照。将试验地划为18个小区，每处理重复3小区，每小区内活动蚁巢数为8个，按完全随机区组排列将5个药剂分别施于对应小区中，空白区不施药。将供试药剂高效氯氰菊酯乳油、吡虫啉乳油、溴氰菊酯乳油、敌敌畏乳油和阿维菌素乳油用水配成相应浓度（表11-2）后灌巢，每蚁巢约用40L药水。先在蚁巢周边及表面淋灌一周，再在蚁巢中心及周边用小木棍挖一小洞至蚁巢底，将药液充分淋灌入蚁巢内。施药前用小旗标记活动蚁巢，并用火腿肠诱集红火蚁，作为虫口基数。施药后7d在标记蚁巢处用火腿肠诱集红火蚁，检查虫口数量。挖开蚁巢检查活动蚁巢情况，60s内蚁巢有多于3头红火蚁出来即判定为活动蚁巢，计算虫口减退率和蚁巢减退率。

从表11-2可见，灌巢施药7d后活动蚁巢及诱集虫口均减退很快，高效氯氰菊酯乳油、吡虫啉乳油、溴氰菊酯乳油、阿维菌素乳油处理蚁巢减退率及虫口减退率均达到100%。敌敌畏乳油处理7d后尚有3个活动蚁巢，显著多于其他处理。活动蚁巢诱集到的平均工蚁数为10.5头，多于其他药剂处理，其虫口减退率也达93.54%。

表11-2　灌巢施药后活动蚁巢数和工蚁数量变化

药剂名称	使用浓度（倍数）	活动蚁巢数（个）	蚁巢减退率（%）	工蚁数（头）	虫口减退率（%）
4.5%高效氯氰菊酯	1 200	0 c	100.00	0.00	100.00
2.5%溴氰菊酯	1 500	0 c	100.00	0.00	100.00
5%阿维菌素	1 500	0 c	100.00	0.00	100.00
5%吡虫啉	1 200	0 c	100.00	0.00	100.00
80%敌敌畏	1 000	3.00 ± 1.0 b	62.50	10.5 + 4.9	93.54
空白对照	—	8.00 ± 0.0 a	0.00	140.75 ± 61.5	-4.62

注：表中同列数据具有相同小写字母表示在0.05水平差异不显著。

（二）撒施法的防治效果

试验设6个药剂处理及1个空白对照。将试验地划为21个区，每处理重复3小区，每小区内活动蚁巢数为8个，按完全随机区组排列将6个药剂按15g/巢分别施于对应小区中，空白区不施药。0.1%茚虫威、0.25%氟虫氨饵剂、1%氟蚁腙粉剂、0.1%氟虫腈粉剂、10%吡虫啉可湿性粉剂及25%噻嗪酮可湿性粉剂，均匀撒施在蚁巢表面。施药前用小旗标记活动蚁巢，诱集红火蚁，作为虫口基数；药后7d诱集红火蚁虫口数量并检查活动蚁巢情况。

6个药剂撒施处理7d后，用小木棍轻微破坏蚁巢表面，检查活动蚁巢情况，结果发现60s后，用0.1%茚虫威饵剂处理的蚁巢内均未有红火蚁活动，判定该处理活动蚁巢数为0，蚁巢减退率达100%，显著好于其他处理；0.25%氟虫氨饵剂、0.1%氟虫腈粉剂、1%氟蚁腙粉剂、25%噻嗪酮可湿性粉剂和10%吡虫啉可湿性粉剂处理的蚁巢破坏后，虽有不同数量的活动蚁巢，但爬出蚁巢的红火蚁的活动能力明显低于未施药的红火蚁。通过火腿肠诱集到的虫口数量均急剧减少，除20%噻嗪酮粉剂外，虫口减退率均在90%以上（表11-3）。

表11-3　撒施药后活动蚁巢数和工蚁数量变化

药剂名称	处理药量（g/巢）	处理时间（d）	活动蚁巢数（个）	蚁巢减退率（%）	工蚁数（头/巢）	虫口减退率（%）
0.1%茚虫威饵剂	15	7	0	100.00	0	100.00
0.25%氟虫氨饵剂	15	7	（2.0±1.0）c	75.00	3.6±9.9	99.82
1%氟蚁腙粉剂	15	7	（4±1.7）b	50.00	122.4±109.6	93.76
0.1%氟虫腈粉剂	15	7	（2±0.0）c	75.00	90.6±195.8	96.02
10%吡虫啉可湿性粉剂	15	7	（6±0.0）a	25.00	0	100.00
25%噻嗪酮可湿性粉剂	15	7	（6±1.0）b	25.00	353.3±283.5	64.15
空白对照	—	7	（8±0.0）a	0.00	2 072.0+690.9	-1.63

注：表中同列数据具有相同小写字母表示在0.05水平差异不显著。

（三）植物源药剂除虫菊素的防治效果

除虫菊素来源于多年生草本菊科植物除虫菊，其杀虫谱包括鳞翅目、同翅目和双翅目等的百种以上害虫，对多种农业害虫、储粮害虫、卫生害虫等具有良好控制作用，与其他杀虫剂混合使用还具有增效作用。其对红火蚁也具有一定的防控效果。试验设置除虫菊素饵剂含量0.005%、0.01%和空白对照，每个处理设3个重复。以蚁丘为中心，半径10cm，环状均匀撒20g毒饵。用诱饵诱集法对红火蚁进行种群数量调查，即在小塑料瓶内放入火腿肠，诱集时使塑料瓶平放，瓶口紧贴地面，每个蚁巢放4个诱测瓶（瓶口直径8.5cm）。诱测瓶离蚁巢7.0~8.0cm，约30min后收集诱测瓶（收集时瓶内要加入少量丙酮，然后盖上瓶盖），带回实验室调查各瓶中收集的红火蚁数量，计算蚁口减退率。在药前1d和药后1d、3d、7d、14d和35d调查各瓶中收集的红火蚁数量。

从表11-4可以看出，在试验剂量下，除虫菊素饵剂可对红火蚁具有良好的防治效果。0.005%除虫菊素饵剂处理35d后，红火蚁虫口减退率为48.85%；0.01%除虫菊素饵剂处理35d后，红火蚁虫口减退率为75.74%。试验结果表明，除虫菊素饵剂处理后1～35d，红火蚁减退率极显著高于对照处理，0.01%除虫菊素饵剂处理红火蚁减退率显著高于0.005%除虫菊素饵剂处理。

表11-4　不同施药效方法对红火蚁的防治效果（%）

含量	虫口减退率±标准误				
	1d	3d	7d	14d	35d
0.005%	18.27±1.14 b	30.88±1.70 b	36.54±1.42 b	39.41±1.68 b	48.85±1.70 b
0.01%	37.28±3.15 a	50.97±1.89 a	60.93±2.69 a	68.39±3.22 a	75.74±1.86 a
CK	2.83±1.00 c	5.71±1.66 c	2.45±1.23 c	4.40±1.26 c	2.19±1.41 c

注：表中同列数据具有相同小写字母表示在0.05水平差异不显著。

参考文献

江世宏，刘栋，李广京，2005. 入侵红火蚁（*Solenopsis invicta* Buren）生物防治研究进展[M]//杨怀文. 迈入二十一世纪的中国生物防治. 北京：中国农业科学技术出版社：574-578.

刘晓东，2002. 外来赤火蚁[J]. 植物检疫，12（6）：344-347.

张润志，任力，刘宁，2005. 严防危险性害虫红火蚁入侵[J]. 昆虫知识，42（1）：6-10.

ANNE-MARIE A C，DAVID H O，HOMER C L，et al.，2000. Seasonal studies of an isolated red imported fire ant（Hymenoptera：Formicidae）population in Eastern Tennessee[J]. Environ. Entomol，29（4）：788-794.

MORRISON L W，1999. Indirect effects of phorid fly parasitoids on the mechanisms of interspecific competition among ants[J]. Oecologia，121：113-122.

NATTRASS R，VANDERWOUDE C A，2001. Preliminary investigation of the ecological effects of red imported fire ants（*Solenopsis invicta*）in Brisbane[J]. Ecological Management and Restoration，2：521-523.

WILLIAMS D F，COLLINS H L，DAVID H O I，2001. Ahistorical perspective of treatment programs and the development of chemical baits for control *Solenopsis invicta* Buren（Hymenopetra：Formicidae）[J]. American Entomologist，47（3）：146-159.